我爱科学

地理大世界

地球的馈赠

矿藏

DIQIUDE KUIZENG KUANGCANG

主编◎邵丽鸥

吉林出版集团 吉林美术出版社 | 全国百佳图书出版单位

图书在版编目（CIP）数据

地球的馈赠——矿藏 / 邵丽鸥编. -- 长春 : 吉林美术出版社，2014.1（地理大世界）
ISBN 978-7-5386-7795-9

Ⅰ. ①地… Ⅱ. ①邵… Ⅲ. ①矿产资源—青年读物②矿产资源—少年读物 Ⅳ. ①TD98-49

中国版本图书馆CIP数据核字(2013)第301256号

地球的馈赠矿藏

编　　著　邵丽鸥
策　　划　宋鑫磊
出 版 人　赵国强
责任编辑　赵　凯
封面设计　赵丽丽
开　　本　889mm×1 194mm　1/16
字　　数　100千字
印　　张　12
版　　次　2014年1月第1版
印　　次　2015年5月第2次印刷
出　　版　吉林美术出版社　吉林银声音像出版社
发　　行　吉林银声音像出版社发行部
电　　话　0431-88028510
印　　刷　三河市燕春印务有限公司

ISBN 978-7-5386-7795-9
定　　价　39.80元

前言 FOREWORD

在人类生态系统中，一切被生物和人类的生存、繁衍和发展所利用的物质、能量、信息、时间和空间，都可以视为生物和人类的生态资源。

地球上的生态资源包括水资源、土地资源、森林资源、生物资源、气候资源、海洋资源等。

水是人类及一切生物赖以生存的必不可少的重要物质，是工农业生产、经济发展和环境改善不可替代的极为宝贵的自然资源。

土地资源指目前或可预见到的将来，可供农、林、牧业或其他各业利用的土地，是人类生存的基本资料和劳动对象。

森林资源是地球上最重要的资源之一，它享有太多的美称：人类文化的摇篮、大自然的装饰美化师、野生动植物的天堂、绿色宝库、天然氧气制造厂、绿色的银行、天然的调节器、煤炭的鼻祖、天然的储水池、防风的长城、天然的吸尘器、城市的肺脏、自然界的防疫员、天然的隔音墙，等等。

生物资源是指生物圈中对人类具有一定经济价值的动物、植物、微生物有机体以及由它们所组成的生物群落。它包括基因、物种以及生态系统三个层次，对人类具有一定的现实和潜在价值，它们是地球上生物多样性的物质体现。

气候资源是指能为人类经济活动所利用的光能、热量、水分与风能等，是一种可利用的再生资源。它取之不尽又是不可替代的，可以为人类的物质财富生产过程提供原材料和能源。

海洋是生命的摇篮，海洋资源是与海水水体及海底、海面本身有着直接

FOREWORD

关系的物质和能量。包括海水中生存的生物，溶解于海水中的化学元素，海水波浪、潮汐及海流所产生的能量、贮存的热量，滨海、大陆架及深海海底所蕴藏的矿产资源，以及海水所形成的压力差、浓度差等。

人类可利用资源又可分为可再生资源和不可再生资源。可再生资源是指被人类开发利用一次后，在一定时间（一年内或数十年内）通过天然或人工活动可以循环地自然生成、生长、繁衍，有的还可不断增加储量的物质资源，它包括地表水、土壤、植物、动物、水生生物、微生物、森林、草原、空气、阳光（太阳能）、气候资源和海洋资源等。但其中的动物、植物、水生生物、微生物的生长和繁衍受人类造成的环境影响的制约。不可再生资源是指被人类开发利用一次后，在相当长的时间（千百万年以内）不可自然形成或产生的物质资源，它包括自然界的各种金属矿物、非金属矿物、岩石、固体燃料（煤炭、石煤、泥炭）、液体燃料（石油）、气体燃料（天然气）等，甚至包括地下的矿泉水，因为它是雨水渗入地下深处，经过几十年，甚至几百年与矿物接触反应后的产物。

地球孕育了人类，人类不断利用和消耗各种资源，随着人口不断增加和工业发展，地球对人类的负载变得越来越沉重。因此增强人们善待地球、保护资源的意识，并要求全人类积极投身于保护资源的行动中刻不容缓。

保护资源就是保护我们自己，破坏浪费资源就是自掘坟墓。保护资源随时随地可行，从节约一滴水、少用一个塑料袋开始……

目录

CONTENTS

地球与矿产资源

能源矿产

CONTENTS

金属矿产

非金属矿产

地球与矿产资源

地球是人类栖身之所，衣食之源。地球上的矿物已知有3300多种，并构成多样的矿产资源。人类目前使用的95%以上的能源、80%以上的工业原材料和70%以上的农业生产资料都是来自于矿产资源。

矿产资源一般分为能源矿产、金属矿产、非金属矿产等，有固体、液体、气体三种形态。矿产资源被誉为现代工业的“粮食”和“血液”，是人类社会发展的命脉。矿产资源不仅是人类社会赖以生存和发展的重要物质基础，更是全球经济的产业基础。

这些资源是在地壳元素运动过程中，由地质作用所形成的天然单质和化合物，它们具有相对固定的化学成分。这是因为地球上的矿产大多是在地球形成和演变的过程中形成的。只有了解了地球的形成和演变，才能更深入地了解这些宝藏的存在。

●地球起源

地球是怎样起源的？许多人都想揭开这个谜。有人说地球是上帝创造的，有人说地球是宇宙中物质自然发展的必然结果。这两种针锋相对的意见反映了唯心主义和唯物主义两种对立的宇宙观。

唯心主义认为，地球和整个宇宙都是依神或上帝的意旨创造出来的。300多年前，爱尔兰一个大主教公开宣称：“地球是公元前4004年10月23日一个星期天的上午9时整被上帝创造出来的。”在我国古代，人们认为远古的时候还没有天地，宇宙间只有一团气，它迷迷茫茫、浑浑沌沌，谁也看不清它的底细，在1.8万年前，盘古一板斧劈开了天地，才有了日月星辰和大地。

上帝创造了地球和盘古开天辟地这两种说法显然站不住脚。那么，地球究竟是如何起源的呢？要了解地球的起源，就必须了解太阳的起源，因为地球和太阳的起源是分不开的。

历史上第一个试图科学地解释地球和太阳系起源问题的是康德和拉普拉斯两位著名学者。

康德是德国哲学家，拉普拉斯则是法国的一位数学家。他们认为太阳系是由一个庞大的旋转着的原始星云形成的。原始星云是由气体和固体微粒组成，它在万有引力作用下不断收缩。星云体中的大部分物质聚集成质量很大的原始太阳。与此同时，环绕在原始太阳周围的稀疏物质微粒旋转的加快，便向原始太阳的赤道面集中，密度逐渐增大，在物质微粒间相互碰撞和吸引的作用下渐渐形成团块，大团块再吸引小团块就形成了行星。行星周围的物质按同样的过程形成了卫星。这就是康德—拉普拉斯星云说。

星云说认为地球不是上帝创造的，也不是以某种巧合或偶然中产生的，而是自然界矛盾发展的必然结果。然而，由于历史条件的限制，这个星云说也存

星 云

在一些问题，但它认为整个太阳系包括太阳本身在内，是由同一个星云主要是通过万有引力作用而逐渐形成的这个根本论点，在今天看来仍然是正确的。

关于地球和太阳系起源还有许多假说，如碰撞说、潮汐说、大爆炸宇宙说等。自20世纪50年代以来，这些假说受到越来越多的人质疑，星云说又跃居统治地位。国内外的许多天文学家对地球和太阳系的起源不仅进行了一般理论上的定性分析，还定量地、较详细论述了行星的形成过程，他们都认为地球和太阳系的起源是原始星云演化的结果。

我国著名天文学家戴文赛认为，在50亿年之前，宇宙中有一个比太阳大几倍的大星云。这个大星云一方面在万有引力作用下逐渐收缩，另外在星云内部出现许多湍涡流。于是大星云逐渐碎裂为许多小星云，其中之一就是太阳系前身，称之为“原始星云”，也叫“太阳星云”。由于原始星云是在湍涡流中形成的，因此它一开始就不停地旋转。

原始星云在万有引力作用下继续收缩，同时旋转加快，形状变得越来越扁，逐渐在赤道面上形成一个“星云盘”。组成星云盘的物质可分为“土物质”、“水物质”、“气物质”。这些物质在万有引力作用下，又不断收缩和聚集，形成许多“星子”。星子又不断吸积、吞并，中心部分形成原始太阳，在原始太阳周围形成了“行星胎”。原始太阳和行星胎进一步演化，而形成太阳和八大行星，进而形成整个太阳系。我们居住的地球，就是八大行星之一。这就是现代星云说。

除星云说以外，前苏联科学家施密特的“陨石说”也产生了很大的影响。施密特根据银河系的自转和陨石星体的轨道是椭圆的理论，认为太阳系星体轨道是一致的，因此陨星体也应是太阳系成员。

1944年，施密特提出了“陨石说”的假说：在遥远的古代，太阳系中只存在一个孤独的恒星——原始太阳，在银河系广阔的天际沿自己轨道运行。在大约60亿～70亿年前，当它穿过巨大的黑暗星云时，便和密集的陨石颗粒、尘埃质点相遇，它便开始用引力把大部分物质捕获过来。其中一部分与它结合，而另一些按力学的规律，聚集起来围绕着它运转，乃至走出黑暗星云。这时这个旅行者不再是一个孤星了。它在运行中不断吸收宇宙中陨体和尘埃团，由于数不清的尘埃和陨石质点相互碰撞，于是便使尘埃和陨石质点相互焊接起来，大的吸小的，体积逐渐增大，最后形成几个庞大行星。行星在发展中又以同样方式捕获物质，形成卫星。

这就是施密特的“陨石说”。根据这一学说，地球在天文期大约有两个阶段：

第一个阶段是行星萌芽阶段，即星际物质（尘埃，陨体）围绕太阳相互碰撞，开始形成地球的时期。

第二个阶段是行星逐渐形成阶段。在这一阶段中，地球形体基本形成，重力作用相当显著，地壳外部空间保持着原始大气。由于放射性蜕变释热，内部温度产生分异，重的物质向地心集中，又因为地球物质不均匀分布，引起地球外部轮廓及结构发生变化，亦即地壳运动形成，伴随灼热熔浆溢出，形成岩侵入活动和火山喷发活动。

从第二阶段起，地球发展由天文期进入到地质时期。地质时期我们将在下一节中再详细介绍。

现在，我们知道了地球是如何形成的。那么，地球从形成到现在有多少年了呢？从远古时期开始，人类就一直在苦苦思索着这个问题。

玛雅人把公元前3114年8月13日奉为“创世日”；犹太教说“创世”是在公元前3760年；英国圣公会的一个大主教推算“创世”时间是公元前4004年10月里的一个星期日；希腊正教会的神学家把“创世日”提前到了公元前5508年。著名的科学家牛顿则根据《圣经》推算地球有6000多岁。

而我们中华民族的想象则更大胆，神话故事“盘古开天地”中说：宇宙初始犹如一个大鸡蛋，盘古在黑暗混沌的蛋中睡了1.8万年。他一觉醒来，便用斧劈开乐天地。就这样，又过了1.8万年，天地便形成了。

即便以“盘古开天地”的日子作为地球诞生之日，那么，它离地球的实际年龄46亿年仍是差之甚远。那么，人们是用什么科学方法推算出地球年龄的呢？那就是天然计时器。

最初，人们把海洋中积累的盐分作为天然计时器。认为海中的盐来自大陆的河流，便用每年全球河流带入海中的盐分的数量，去除海中盐分的总量，算出现在海水盐分总量共积累了多少年，就是地球的年龄。结果，人们得出的数据是1亿年。显然，这个方法并不能计算出地球的年龄。

于是，人们又在海洋中找到另一种计时器——海洋沉积物。据估计，每3000～10000年，海洋里可以堆积1米厚的沉积岩。地球上的沉积岩最厚的地方约100千米，由此推算，地球年龄约在3亿～10亿年。这种方法忽略了在有这种沉积作用之前地球早已形成。所以，结果还是不正确。

几经波折，人们终于找到一种稳定可靠的天然计时器——地球内放射性元素和它蜕变生成的同位素。放射性元素裂变时，不受外界条件变化的影响。如原子量为238的放射性元素铀，每经45亿年左右的裂变，就会失去原来质量的一半，蜕变成铅和氧。科学家根据岩石中现存的铀量和铅量，就可以算出岩石的年龄了。

地壳是岩石组成的，于是又可得知地壳的年龄是大约30多亿年。岩石的年龄加上地壳形成前地球所经历的一段熔融状态时期，就是地球的年龄了。科学家据此测算出地球约46亿岁。

宇 宙

今天，通过天文观测以及星际的宇宙航行，特别是射电天文望远镜的日趋完善，人们对地球和太阳系起源的认识已经达到了相当深的程度，但是这种认识还很不完善，仍然存在着许多疑点和问题，有待我们进一步去探测和研究。

知识点

放射性元素

放射性元素是能够自发地从不稳定的原子核内部放出粒子或射线（如α射线、β射线、γ射线等），同时释放出能量，最终衰变形成稳定的元素而停止放射的元素。这种性质称为放射性，这一过程叫做放射性衰变。含有放射性元素的矿物叫做放射性矿物。

原子序数在84以上的元素都具有放射性，原子序数在83以下的某些元素如Tc（锝）、Pm（钷）等也具有放射性。放射性元素分为天然放射性元素和人工放射性元素两类。

延伸阅读

地球的演化过程

46亿年前，地球诞生了。地球演化大致可分为三个阶段。

第一阶段为地球圈层形成时期，其时限大致距今4600～4200Ma（Ma为百万年）。刚刚诞生时候的地球与今天大不相同。根据科学家推断，地球形成之初是一个由炽热液体物质（主要为岩浆）组成的炽热的球。随着时间的推移，地表的温度不断下降，固态的地核逐渐形成。密度大的物质向地心移动，密度小的物质（岩石等）浮在地球表面，这就形成了一个表面主要由岩石组成的地球。

第二阶段为太古宙、元古宙时期。其时限距今4200～543Ma。地球不间断地向外释放能量。由高温岩浆不断喷发释放的水蒸气、二氧化碳等气体构成了非常稀薄的早期大气层——原始大气。随着原始大气中的水蒸气的不断增多，越来越多的水蒸气凝结成小水滴，再汇聚成雨水落入地表。就这样，原始的海洋形成了。

第三阶段为显生宙时期。其时限由543Ma至今。显生宙延续的时间相对短暂，但这一时期生物极其繁盛，地质演化十分迅速，地质作用丰富多彩，加之地质体遍布全球各地，广泛保存，可以极好地对其进行观察和研究，为地质科学的主要研究对象，并建立起了地质学的基本理论和基础知识。

地球的结构

地球是一个由不同状态与不同物质的同心圈层所组成的球体。这些圈层可以分成内部圈层与外部圈层。

地球的外部圈层包括大气圈、水圈和生物圈。

1.大气圈

从地表到1.6万千米高空都存在气体或基本粒子，总质量达5×10^{15}吨，占地球总质量的0.00009%。主要成分氮占78%，氧占21%，其他是二氧化碳、水汽、惰性气体、尘埃等，占1%。

地球的表面为什么形成大气圈，这是与地球的形成和演化分不开的。地球在其形成和演化的过程中，总是要分异出一些较轻的物质，轻的物质上升，积少成多形成大气圈。我国古代也有这样的话："混沌初开，乾坤始奠，轻清者上升为天，重浊者下沉为地。"其实这就是讲的物质分异作用。上升的气体为什么不会从地球的表面跑到宇宙空间中，其主要原因是地球的引力把大气物质给拉住了，形成一个同心状的大气圈。

物体脱离地球的临界速度是每秒11.2千米，尽管气体物质很轻，其运动速度也很快，如氧分子的运动速度是每秒0.5千米，氢分子的运动速度是每秒2千米，但这种速度并不能使气体物质脱离地球的引力场。只有一部分氢和氦，在宇宙射线作用下可以被激发，产生很高的速度而跑掉一些。

地球大气圈成分是随着时间而变化的。当初大气中的二氧化碳可能达到百分之几十，大约在3亿年前，由于植物大规模繁盛，才演化成接近现今的大气成分，目前大气中的二氧化碳只有4.6/10000。大约在1亿年前，大气的温度才接近现今的温度。

大气圈是地球的重要组成部分，并有重要的作用：

（1）大气可以供给地球上生物生活所必需的碳、氢、氧、氮等元素。

（2）大气可以保护生物的生长，使其避免受到宇宙射线的危害。

（3）防止地球表面温度发生剧烈的变化和水分的散失，如若没有大气圈，地球上将不会存在水分。

（4）一切天气的变化，如风、雨、雪、雹等都发生在大气圈中。

（5）大气是地质作用的重要因素。

（6）大气与人类的生存和发展关系密切。大气容易遭受污染，大气环境的质量直接关系着人类健康。

2.水圈

水圈主要是呈液态及固态出现的。它包括海洋、江河、湖泊、冰川、地下水等，形成一个连续而不规则的圈层。

水圈的质量为1.41×10^{18}吨，占地球总质量0.024%，比大气圈的质量大得多，但与其他圈层相比，还是相当的小。其中海水占97.22%，陆地水（包括江河、湖泊、冰川、地下水）只占2.78%；而在陆地水中冰川占水圈总质量的2.2%，所以其他陆地水所占比重是很微小的。此外，水分在大气中有一部分；在生物体内有一部分，生物体的3/4是由水组成的；在地下的岩石与土壤中也有一部分。可见，水圈是独立存在的，但又是和其他圈层互相渗透的。

河

地球上的原生水，是地球物质分异的产物。目前火山喷发常有大量水汽从地下喷出便是证明。如1976年阿拉斯加的奥古斯丁火山喷发，一次喷出水汽即达5×10^{6}千克。当然地球上的水圈是逐渐演化而成的。

水圈是地球构成有机界的组成部分，对地球的发展和人类生存有很重要的作用：

（1）水圈是生命的起源地，没有水也就没有生命。

（2）水是多种物质的储藏床。

（3）水是改造与塑造地球面貌的重要动力。

（4）水是最重要的物质资源与能量资源，水资源的多寡和水质的优劣直接关系着经济发展与人类生存。

3.生物圈

目前世界上已知的动物、植物大约有250万种，其中动物占200万种左右，植物占34万种左右，微生物大约有3.7万种。整个生物圈的质量并不大，仅仅是大气圈质量的1/300，但它起到的作用却是很大的。生物圈具有相当的厚度。绿色植物的分布极限大约是海拔6200米左右。根据资料，在3.3万米高空还发现有孢子及细菌。

总的来讲，生物圈包括大气圈的下层，岩石圈的上层和整个水圈，最大厚度可达数万米。但是其核心部分为地表以上100米，水下100米，也就是说大气与地面、大气与水面的交接部位是生物最活跃的区域，其厚度约为200米，因为在这个范围内具有适于生物生存的温度、水分和阳光等最好的条件。

地球的内部圈层指从地面往下直到地球中心的各个圈层，包括地壳、地幔和地核。

地壳是地球表面上的固体硬壳，属于岩石圈的上部。地壳主要由硅酸盐类岩石组成，它的质量为5×10^{19}吨，约占地球质量的0.8%，体积占整个地球体积的0.5%。

地壳中含有元素周期表中所列的绝大部分元素，而其中氧、锶、铝、铁、钙、钠、钾、镁8种主要元素占98%以上，其他元素共占1%～2%。组成地壳的各种元素并非孤立存在，大多数情况是相关元素化合形成各种矿物，其中以氧、锶、铝、铁、钙、钠、钾、镁等组成的硅酸盐矿物为最多，其次为各种氧化物、硫化物、碳酸盐等。这些矿物是地球宝藏的一部分。各种不同矿物，特别是硅酸盐类又组成各种岩石，所以说地壳是岩石圈的一部分。

地壳的厚度大致为地球半径的1/400，但各处厚度不一，大陆部分平均厚度37千米，而海洋部分平均厚度则只有约7千米。一般说来，高山、高原部分地壳最厚，如我国青藏高原地壳最厚可达70千米。

地幔指地球莫霍面以下到古登堡面以上的圈层。深度为从地壳底界到2900千米，其体积占地球总体积的82%，质量为4.05×10^{21}吨，占地球总质量的67.8%。地幔下部的物质密度接近于地球的平均密度，压力随深度而增加，温度也随深度缓慢增加。

地核位于深2900千米古登堡面以下直到地心部分称地核。据推测，地核物质非常致密，密度9.7～13克/立方厘米，地核总质量为1.88×10^{21}吨，占整个地球质量的31.5%；压力可达$3.0\sim3.6\times10^{11}$帕；温度为3000℃，最高可能达5000℃或更高。

地核的形状一直是科学家们所关注的问题。最近美国哈佛大学的地球物理学家根据地震波在地球内部传播情况的监测和分析，发现地震波在包含地球自转轴的平面方向容易穿透地核，而在与地球自转轴垂直的赤道平面则较难穿透地核，从而提出地核形状接近于圆柱体的形状，其中轴线与地球的自转轴重合。当然这样的问题有待于不断深入论证。

知识点

元　素

元素，又称化学元素，指自然界中存在的100多种基本的金属和非金属物质，同种元素只由一种或一种以上有共同特点的原子组成，组成同种元素的几种原子中每种原子的每个原子核内具有同样数量的质子，质子数决定元素的种类。

到目前为止，人们在自然界发现的物质有3000多万余种，但组成它们的元素目前（2010年）只有118种。

延伸阅读

元素之最

发现元素最多的国家是英国，共22种。

发现元素最多的一年是1898年，共5种。

地壳中含量最多的元素是氧。

地壳中含量最少的元素是砹。

大气中含量最多的元素是氮。

海洋中含量最多的元素是氧。

人体中含量最多的元素是氧。

地壳中含量最多的金属是铝。

地壳中含量最少的金属是钫。

世界上最重的金属是锇。

世界上最轻的金属是锂。

世界上最硬的金属是铬。

世界上最软的金属是铯。

世界上延展性最好的金属是金。

世界上熔点最高的金属是钨。

世界上熔点最低的金属是汞。

世界上熔点最高的元素是碳。

世界上熔点最低的元素是氦。

非金属中最活泼的是氟。

非金属中最不活泼的是氦。

非金属中最易燃的是磷。

矿物的形成

矿产是地壳在其长期形成、发展与演变过程中的产物，不同的地质作用可以形成不同类型的矿产。依据形成矿产资源的地质作用和能量、物质来源的不同，一般将形成矿产资源的地质作用，即成矿作用分为内生成矿作用、外生成矿作用、变质成矿作用与叠生成矿作用。

内生成矿作用是指由地球内部热能的影响导致矿床形成的各种地质作用。外生成矿作用是指在太阳能的直接作用下，在地球外应力导致的岩石圈上部、水圈、生物圈和气圈的相互作用过程中，在地壳表层形成矿床的各种地质作用。

变质成矿作用是指由于地质环境的改变，特别是经过深埋或其他热动力事件，使已由内生成矿作用和外生成矿作用形成的矿床或含矿岩石的矿物组合、化学成分、物理性质以及结构构造发生改变而形成另一类性质不同、质量不同矿床的地质作用。

叠生成矿作用是一种复合成矿作用，是指因多种成矿作用复合叠加而形成矿床的一种地质作用。这四种不同的成矿作用形成四类不同的矿床，即内生矿床、变质矿床、外生矿床和叠生矿床。一个地区范围内矿产能否形成、形成多少与优劣均与该地区的成矿地质条件的好坏直接相关。

依作用的不同，矿物形成的方式有三个方面：

气态变为固态：火山喷出硫蒸气或硫化氢气体，前者因温度骤降可直接升华成自然硫，硫化氢气体可与大气中的氧发生化学反应形成自然硫。我国台湾大屯火山群和龟山岛就有这种方式形成的自然硫。

液态变为固态：这是矿物形成的主要方式，可分为两种形式。

1.从溶液中蒸发结晶

我国青海柴达木盆地，由于盐湖水长期蒸发，使盐湖水不断浓缩而达到饱和，从中结晶出石盐等许多盐类矿物，就是这种形成方式。

2.从溶液中降温结晶

地壳下面的岩浆熔体是一种成分极其复杂的高温硅酸盐熔融体（其状态像炼钢炉中的钢水），在上升过程中温度不断降低，当温度低于某种矿物的熔点时就结晶形成该种矿物。岩浆中所有的组分，随着温度下降不断结晶形成一系列的矿物，一般熔点高的先结晶成矿物。

固态变为固态：主要是由非晶质体变成晶质体。火山喷发出的熔岩流迅速冷却，来不及形成结晶态的矿物，却固结成非晶质的火山玻璃，经过长时间后，这些非晶质体可逐渐转变成各种结晶态的矿物。

由胶体凝聚作用形成的矿物称为胶体矿物。例如河水能携带大量胶体，它们在出口处与海水相遇，由于海水中含有大量电解质，使河水中的胶体产生胶凝作用，形成胶体矿物，滨海地区的鲕状赤铁矿就是这样形成的。

当然，矿物都分别在一定的物理化学条件下形成，当外界条件变化后，原来的矿物可变化形成另一种新矿物，如黄铁矿在地表经过水和大气的作用后，可形成褐铁矿。

岩　浆

根据矿产特性及其主要用途，分为能源矿产、金属矿产、非金属矿产等。

能源矿产：可以提供或者产生能量物质的矿物。如石油、天然气、煤、核能、地热等9种。

金属矿产：质地属性为金属性矿物，如黑色金属、有色金属、贵金属、稀有金属、稀土金属矿产等。

黑色金属矿产：铁、锰、铬、钛、钒等22种矿产；

有色金属矿产：铜、铅、锌、铝、锡等13种矿产；

贵金属矿产：金、银、铂等8种矿产；

稀有金属矿产：锂、铍、锆等8种矿产；

稀土金属矿产：硒、镉等20种矿产。

矿 石

非金属矿产：化工原料非金属、建材原料非金属矿产等，如化工原料非金属矿产：硫、磷、钾、盐、硼等25种矿产；建材原料非金属矿产：金刚石、石墨、石棉、云母、水泥、玻璃、石材等100多种矿产。

一个国家矿产资源的丰度，除地质条件外，与可供储矿的疆域空间条件直接有关。在同等有利成矿的地质条件下，疆域越是辽阔，矿产资源就越丰富。

在矿产勘查工作中，利用各种方法、各种技术手段获得大量有关矿床的数据以确定其可开采性。其主要包括：

可采厚度（最低可采厚度）：可采厚度是指当矿石质量符合工业要求时，在一定的技术水平和经济条件下可以被开采利用的单层矿体的最小厚度。矿体厚度小于此项指标者，目前就不宜开采，因经济上不划算。

工业品位（最低工业品位、最低平均品位）：工业品位是工业上可利用的矿段或矿体的最低平均品位。只有矿段或矿体的平均品位达到工业品位时，才能计算工业储量。

最低工业品位的实质是在充分满足国家需要充分利用资源并使矿石在开采和加工方面的技术经济指标尽可能合理的前提下寻找矿石重金属含量的最低标准。所以确定工业品位应考虑的因素是：国家需要和该矿种的稀缺程度；资源利用程度；经济因素，如产品成本及其与市场价格的关系；技术条件，如矿石开采和加工的难易程度等。

工业品位和可采厚度对于不同矿种和地区各不相同，就是同一矿床，在技术发展的不同时期也有变化。

边界品位：边界品位是划分矿与非矿界限的最低品位，即圈定矿体的最低品位。矿体的单个样品的品位不能低于边界品位。

最低米百分比（米百分率、米百分值）：对于品位高、厚度小的矿体，其厚度虽然小于最小可采厚度，但因其品位高，开采仍然合算，故在其厚度与品位之乘积达到最低米百分比时，仍可计算工业储量。计算公式为：$K=M\times C$。［K——最低米百分比（m%）；M——矿体可采厚度（m）；C——矿石工业品位（%）］。

夹石剔除厚度（最大夹石厚度）：夹石剔除厚度实质矿体中必须剔除的非工业部分，即夹石的最大允许厚度。它主要决定于矿体的产状、贫化率及开采条件等。小于此指标的夹石可混入矿体一并计算储量。夹石剔除厚度定得过小，可以提高矿石品位，但导致矿体形状复杂化，定得过大，会使矿体形状简化，但品位降低。

有害杂质的平均允许含量：有害杂质的平均允许含量是指矿段或矿体内对产品质量和加工生产过程有不良影响的成分的最大允许平均含量，是衡量矿石质量和利用性能的重要指标。对于一些直接用来冶炼或加工利用的富矿及一些非金属矿（如耐火材料、熔剂原料等）更是一项重要的要求。

伴生有益组分：伴生有益组分是指与主要组分相伴生的、在加工或开采过程中可以回收或对产品质量有益的组分。当前，综合利用已是日程上的一个重要问题，伴生有益组分的价值越来越大。由于综合利用矿体内部或邻近的伴生元素，往往使不少矿床“一矿变多矿”、“死矿变活矿”。

知识点

矿 床

矿床，是地表或地壳里由于地质作用形成的并在现有条件下可以开采和利用的矿物的集合体。也叫矿体。

矿床的概念包含地质方面和经济技术方面的双重属性。近年来，矿床的环境属性正被越来越多地得到人们的关注。矿床的地质属性、经济技术属性、环境属性相互关联、相互制约，地质属性是矿床的基本属性；经济技术属性是界定矿与非矿的主要标志；环境属性是指在保护环境较少环境影响的条件下开发矿产资源。

矿床的大小、形状及产出深度可以有相当大的变化。矿体的形状可以有不连续的脉状及凸镜状、不规则块状、筒状或胡萝卜状、裂隙网脉状、破碎岩石及沉积地层中的浸染体及沉积层状等。

延伸阅读

我国古代探矿理论

我国古代有比较系统的探矿理论。最著名的是战国时期的《管子·地数篇》。它总结了一些矿床中矿物的分布规律，指出可以根据矿苗和矿物的共生关系来寻找矿床。

书中说道：“山，上有赭者，其下有铁；上有鈆（“鈆”是“铅”的异体字——引者注）者，其下有银；一曰上有鈆者，其下有鉒银；上有丹砂者，其下有鉒金；上有慈石者，其下有铜金。此山之见荣者也。”又说：“上有丹砂者，下有黄金；

上有慈石者，下有铜金；上有陵石者，下有鈆、锡、赤铜；上有赭者，下有铁。此山之见荣者也。”所谓“山之见荣”，就是矿苗的露头。此外，在唐代张守节的《史记正义》中，所引《管子》文字略有不同：“山上有赭，其下有铁；山上有铅，其下有银；山上有银，其下有丹；山上有磁石，其下有金也。”

我国古人对矿物和围岩的关系也有所认识，并且把它用于找矿。比如唐代陈藏器把粉子石作为金矿的标志。宋代，苏颂把白石作为辰砂矿的标志。

清初孙廷铨（1616—1674）在《颜山杂记》中记载了人们利用岩层和矿床的关系找矿，说：“凡脉炭者，视其山石，数石则行，青石、砂石则否。察其土有黑苗，测其石之层数，避其沁水之潦，因上以知下，因近以知远，往而获之为良工。”

在探矿理论方面，南北朝的梁代出现了新的理论著作，体现了新的方向。这就是有名的地植物找矿著作——《地镜图》。《地镜图》原书已佚，现在只能从后人的引文中看到它的部分内容。它的主要观点是把地下的矿床和地表的植物联系起来，是现代指示植物找矿或生物地球化学找矿方法的肇端，是一个很有科学价值的新创见，新理论。

矿　床

当然，这个新理论也是逐步产生的，并不是突然出现的。《荀子·劝学篇》就说过：“玉在山而草木润”；晋张华《博物志》也说：“山，……有谷者生玉。”到《地镜图》，内容就大大充实了。

对我国古代利用指示植物找矿理论的发明和发展，英国科学史家李约瑟曾经作过恰当的评价，他说：“中国人在中古代所进行的观察，确实可以说是仍在迅速发展中的、范围十分广阔的现代科学理论和科学实践的先驱。”

●矿产大国：美国

美国国土面积937.3万平方千米，仅次于俄罗斯、加拿大、中国，居世界第四位。全国划分为50个州和1个特区。本土48个州，位于北美洲中南部，北面与加拿大接壤，西南与墨西哥相连，东南滨墨西哥湾，东、西两面分别濒临大西洋和太平洋。另有两个海外州，一个是位于北美大陆西北端的阿拉斯加；另一个是位于太平洋中的夏威夷。哥伦比亚特区为首都华盛顿所在地。

美国是世界上最重要的矿产资源、生产、消费和贸易国之一，是世界矿业的中心。矿业在美国国民经济中也占有较重要的地位，是其基础性产业之一。

美国矿产资源丰富，矿产储量潜在总值居世界第一。许多矿产的储量居世界前列。

美国矿产储量居世界第1位的有：煤、钼、天然碱、硼、溴、硫酸钠；

第2位的有：铜、金、镉、银、钇、磷、硫；

第3位的有：铅、锌、稀土、重晶石、碘；

第4位的有：铂族金属、钨；

第5位的有：铁矿石；

第6位的有：天然气、锑、铋、钾盐；

第8位的有：钛铁矿、铀。

石油居第11位。

美国矿产资源具有以下几个特点：

1.美国矿产资源总量丰富，余缺并存

美国矿产资源丰富，发现2500多种矿物，经地质勘查工作证实，美国探明有矿产储量的矿产有88种，是世界上探明储量最为丰富的国家之一。

美国矿产资源总量虽然丰富，但有些矿产资源并不丰富，甚至有些矿产资源主要依靠从国外进口。在诸多矿产中，资源比较丰富的有煤、铀等能源矿产，铜矿、金矿、钼矿、铅矿、锌矿等金属矿产资源和硼矿、硫矿、磷矿、天然碱、膨润土、硅藻土、高岭土、硅灰石、滑石、石膏等非金属矿产资源。其中尤以铜矿、金矿和化肥化学矿产资源最为丰富。

对美国来说，石油能源资源、铁矿和锰矿、铬矿、镍矿等钢铁矿产资源并不丰富，铝土矿及砷矿、铋矿、钨矿、锡矿、石英、萤石、云母矿等几十种矿产则属于短缺资源。

2.美国各类矿产资源丰度状况不尽相同

就总体来看，以非金属矿资源最为丰富，分布亦广，金属矿和能源矿次之。能源矿产以煤矿和铀矿资源比较丰富，在世界上占有重要地位，而油气资源丰度一般，金属矿产中以铜、铅锌等有色金属矿产和金银等贵金属矿产较为丰富，其他金属矿产一般；非金属矿产中以化工矿产和轻工矿产为最丰富。

3.美国矿产资源地理分布广泛，但不均匀

美国各州均有数量不等的某些矿产，但分布是不均匀的。中部地台区主要有石油、天然气、煤、铁、铅、锌和铜矿等矿产；东部阿巴拉契亚褶皱带中主要有

油　井

石油、天然气、煤、有色金属和贵金属；西部科迪勒拉褶皱带是美国矿产资源的主要富集区，不仅产有大量铜、钼、金、银、铀、钒、铅、锌等金属矿产，而且非金属矿产和煤、石油、天然气、地热等能源矿产也很丰富；墨西哥湾和大西洋凹陷带中的矿产以石油、天然气、褐煤和钾、硫、磷等沉积矿产为主。

总体看来，固体矿产中金属矿产主要分布在西部地区，中部和东部较少；非金属矿产则在东、中、西部州均有分布。

根据美国目前的矿山生产能力（2005年产量数据）计算，美国主要矿产储量的静态保证年限如下：铜31年，钼47年，铝土矿100年，金11年，铅19年，锌40年，银20年，重晶石51年，石膏33等。

另外，美国煤炭储量占世界储量的26.1%，居世界第一；石油和天然气储量分别占世界总储量的2.4%和3.0%，分别排世界第11位和第6位。

美国也是世界重要的能源消费大国。2005年美国一次能源消费量为23.37亿吨石油当量，占世界一次能源消费量的比重为22.2%。石油、天然气和煤是美国一次能源消费的主体，2005年占美国一次能源总消费量的比重分别为40.4%、24.4%和24.6%；而核能和水电则仅分别占8.0%和2.6%。2001年单位国内生产总值（万美元）一次能源消费量为2.2吨石油当量，2005年则下降到1.9吨石油当量。2005年美国各种一次能源消费量在世界一次能源消费量中所占比重如下：石油24.6%，天然气23.0%，煤19.61%，核电29.6%，水电9.1%。

近年来，随着美国经济的发展，其能源消费稳步增加。石油消费量从2001年的8.96亿吨上升到2005年的9.45亿吨，年均增长1.3%；煤消费量从2001年的5.52亿吨石油当量上升到2005年的5.75亿吨石油当量，年均增长率为1.0%；同期天然气消费量从2001年的6414亿立方米下降到2005年的6335亿立方米，年均年增长率为-0.3%。

美国是世界上重要的金属矿产生产大国和消费大国。钢、铁矿石、金、银、以及主要有色金属的生产和消费均在世界占有重要地位，特别是铜、铅、锌、钼、钢材和贵金属。

美国是世界最大钼生产国，主要是作为副产品从斑岩铜矿中回收的。2005年钼的产量为5.8万吨，在世界产量中所占比重为31.2%。黄金矿山产量为256吨，仅次于南非，在世界产量中所占比重为11.0%。矿山银的产量为1178.8吨，在世界产量中所占比重为6.1%，其中一半以上为铜、铅、锌和金的冶炼副产品。

此外，氧化铝和矿山铅的产量所占的比重也都超过了10%；钢铁、精炼铝、矿山铜和精炼铜、矿山锌、镁和镁化合物、钛铁矿和矿山银的产量在世界产量中所占比重也都达到了5%～10%。

多年来，美国由于国内主要金属矿产资源有限，矿石和金属产量不断下降，为了满足国内日益增长的需求只能不断增加进口量。为了减少对国外矿产品的依赖，美国逐渐加强再生金属的回收利用。近几年在主要原生金属产量普遍呈下降趋势，但再生金属的生产却出现持续增长的良好势头。许多金属的再生利用发展迅速，特别是金、铅、锌、铝、锡、锑、汞、钨、镍和铂族金属等。这些再生金属的产量占其总消费量的比例高的达70%（金），低的为5%（铂族金属）。

知识点

再生金属

以废旧金属制品和工业生产过程中的金属废料为原料炼制而成的有色金属及其合金。又称再生金属。早在铜器时代就使用再生有色金属，即将废旧金属器物回炉重熔。到20世纪，出现了专业化的再生金属工业，并得到蓬勃发展。

金属，特别是有色金属的废料回收，有利于环境保护和资源的利用，具有投资省、能耗少、经济效益显著的特点。

再生金属的原料来自四面八方，往往是黑色金属、有色金属及其合金的混杂物，而且夹杂有塑料、橡胶、油漆、油脂、木料、泥沙、织物等。在冶炼前必须进行分类、解体、打包、压团、破碎、磨细、筛分、干燥、预焚烧、脱脂、分选等预处理，再熔炼成为和原成分相同或组分更多的合金。混杂过于严重的合金废料，则用作重新冶炼提取金属的原料。

延伸阅读

美国工业化进程简述

殖民地时代和19世纪初的美国仍然是一个典型的农业国。当时的非农产业基本是面向当地市场的小手工业和家庭制造业，如制鞋、织布等。

美国的工业化一般认为是从1807年的“禁运”或1812—1814年的英美战争结束后才开始的。1807年，为避免卷入欧洲战争而颁布的《禁运令》，一方面使美国的进出口贸易受到重创；另一方面也刺激了国内制造业的发展。

美英战争结束后的1816年，为了抵制英国商品的倾销，保护本国工业，美国政府颁布了《关税法》，据此连续3年对棉纺织品征收了25%的关税，结果使轻工业特别是棉纺织工业获得了较快发展。

与英国相似，美国的工业革命也是从棉纺织工业开始的。19世纪30—70年代，美国制造业开始飞速发展。因此，罗斯托认为，美国经济曾有过两次“起飞”：一次是在1815—1850年间，以新英格兰地区的棉纺织业大发展为代表；另一次是在1843—1870年间，是所谓“北方工业起飞”，以铁路修建、重工业发展为代表。

1860年，美国就成为仅次于英国的世界第二大制造业国家。到1880年，美国工业产值超过英、德两国，成为世界第一工业强国。1894年，美国的工业产值相当于整个欧洲工业产值的一半。

1890年，美国工业在工农业总产值中的比重达到80%，重工业的产值已与轻工业相当。所以，一般认为，美国工业化是在1890—1920年间完成的。如果从1816年算起，美国工业化约花了100年的时间。

●矿产大国：俄罗斯

俄罗斯联邦地质构造复杂，矿产资源十分丰富，已开采的矿物囊括了门捷列夫元素周期表上所列的全部元素。

俄罗斯平原西北部的卡累利阿和科拉半岛地区蕴藏着铁、镍、云母等矿产。希宾山地有世界最大的磷灰石矿，并蕴藏大量的制铝原料——霞石。俄罗斯平原和其他广阔地域及西伯利亚地区，蕴藏有世界最大的铁矿区——库尔斯克磁力异常区，以及乌拉尔、西伯利亚铁矿区。

煤炭主要分布在两个大型含煤带内：一是位于贝加尔湖与土尔盖凹陷之间，包括伊尔库茨克、坎斯克—阿钦斯克、库兹巴斯、埃基巴斯图兹和卡拉干达等煤田；另一个位于叶尼塞河以东，北纬60°以北，包括通古斯、勒拿和太梅尔等大煤田。此外，远东地区的南雅库特等煤田也很重要。

石油、天然气主要分布在西西伯利亚、俄罗斯（伏尔加—乌拉尔油田）、东西伯利亚三大地台型含油盆地，及萨哈林（库页岛）等地槽型含油盆地。中西部的乌拉尔山区和远东山地，形成俄罗斯主要的有色金属矿产基地。远东沿海山地的锡矿也很重要。

俄罗斯的矿产资源，如煤、石油、天然气、泥炭、铁、锰、铜、铅、锌、镍、钴、钒、钛、铬的储量均名列世界前茅。只有锡、钨、汞等金属资源储量较少，不能自给。藏量丰富、品种齐全的矿产资源为俄罗斯发展多部门的基础工业，以及形成完整的工业体系奠定了重要的物质基础。主要资源分布集中，有些大型能源资源、矿物原料的分布相互接近，这又为俄罗斯建立大型的工业基地和经济区提供了十分有利的条件。

但是，俄罗斯的矿产资源分布很不平衡：其中大部分集中在国土的北部和东部地区；而急需燃料、原料的西部（欧洲部分）地区却感到资源不足、品种欠缺；矿产资源丰富、品种也较齐全的乌拉尔地区，由于长期开采已造成资源不足，开采难度愈来愈大。

上述情况势必造成远距离运输，给交通部门带来了很大的压力，每年由东部地区运往西部地区的燃料都达几亿吨以上，这在一定程度上影响了俄罗斯联邦经济发展和生产力的合理分布。

俄罗斯自然资源的丰富还表现在：它拥有原苏联90%以上的森林面积和水能资惊，70%的煤炭，80%的天然气，100%的磷灰石，60%的钾盐和大部分铁矿石。

西伯利亚和远东是全世界自然资源丰富的地区。这里的森林面积达5.03亿公顷，木材积蓄量达600多亿立方米。还有大量的各种金属矿藏，如铁、铜、镍、锌、锡、铝、霞石、金刚石、水银、镁、云母、铅、钨、金、银等。

俄罗斯的自然资源在世界自然资源总储量中占有重要位置。在世界矿产开采总量中俄所占的比重是：磷灰石55%，天然气28%，金刚石26%，镍22%，钾盐16%，铁矿14%，贵金属和稀有金属13%，石油12%，煤炭12%。

天然气的潜在资源估计为212万亿立方米，已探明的储量为48万亿立方米。俄天然气占世界总储量的35.4%。

俄罗斯

石油开采的高峰是1998年，产量为5.62亿吨。1991年俄的石油产量在世界仍居首位，但至近年有所下降。

煤炭储量约占世界的30%。已探明的储量为2020亿吨（占世界探明储量的12%），仅次于美国（4450亿吨）和中国（2720亿吨）。

2003年，俄罗斯开采了23044万吨铁矿石，生产了8411万吨商品矿石，其主要来自中部经济区、西北经济区和乌拉尔。生产的铁矿石部分出口欧洲。前几年从哈萨克斯坦进口了少量铁矿石。

2002年产锰矿石15.8万吨，铬矿石21.2万吨。这两种矿产满足不了国内需要，锰矿石需从乌克兰进口。铬矿石从哈萨克斯坦和土耳其进口，到2005年，国内铬矿石只能满足需求量的28%。

至于有色金属，自苏联解体后，一些重要矿种，如铅、铝土矿、锌等俄罗斯短缺的必要资源，主要靠进口满足需要。还需要指出的是，虽然俄罗斯的钛储量居世界第二位，但由于缺乏生产技术，仍需进口钛。一些稀有金属，如铌、锆等，资源量也相当大，但也是因技术问题，一些矿床无法开采，需要依靠进口。

俄罗斯磷、钾资源丰富，而且产量也相当高，2003年生产磷灰石精矿394万吨、钾盐543万吨。但是，目前农业化肥的使用，只是1990年的1/10，尤其是磷肥，降至1/20。提供给国内市场的化肥量占总产量的比重由1990年的71.5%下降到17%，而农业使用的化肥量占总产量的比重由69.2%降到11%。化肥产量的80%～85%用于出口。

俄罗斯非金属的产量近年来相对比较稳定。需要指出的是，在这些非金属中，金刚石占有重要地位，其产量占世界金刚石总产量的20%左右。

尽管俄罗斯矿产资源非常丰富，但自从苏联解体后，俄罗斯的地勘投资大量缩减，导致储量增长的速度远远低于开采量的增长速度，后备资源严重不足。

为了确保俄罗斯经济的可持续发展，俄罗斯联邦自然资源与生态部很早就制定了到2020年俄罗斯矿产勘查与矿物原料基地再生产国家长远规划。实施调整后的规划不仅能确保完成矿产资源地质勘查的任务，而且能有效确保整个俄罗斯社会经济的发展速度，特别是为发展俄罗斯一些地区，如，东西伯利亚、北极乌拉尔地区、俄罗斯南部地区和远东地区注入了新的动力。

在国家矿产勘查长远规划中，俄罗斯国家投资并不是矿物原料基地再生产的唯一资金来源，而只是基础。它将拉动社会资金的大量投入，并发挥主要作用。据俄罗斯自然资源与生态部的专家估计，到2020年，投入到地勘工作的社会资金将达到4万亿元卢布以上（1430亿美元）。

近年来，为了矿产勘查与开发领域的可持续发展，俄罗斯除了致力于完成地勘长远规划规定的任务外，还不断改善矿产勘查与开发的投资环境。一方面加强对矿产资源合理利用的国家监管，另一方面不断减少过于繁多的行政壁垒。此外，俄罗斯还完善了有关法律法规，如实施新的油气储量分类方法等。

知识点

元素周期表

现代化学的元素周期律是1869年俄国科学家门捷列夫首创的，他将当时已知的63种元素依原子量大小并以表的形式排列，把有相似化学性质的元素放在同一行，就是元素周期表的雏形。利用周期表，门捷列夫成功地预测当时尚未发现的元素的特性（镓、钪、锗）。

1913年英国科学家莫色勒利用阴极射线撞击金属产生X射线，发现原子序越大，X射线的频率就越高，因此他认为核的正电荷决定了元素的化学性质，并把元素依照核内正电荷（即质子数或原子序数）排列，后来又经过多名科学家多年的修订才形成如今的周期表。

元素在周期表中的位置不仅反映了元素的原子结构，也显示了元素性质的递变规律和元素之间的内在联系。

延伸阅读

资源宝库：西伯利亚

西伯利亚是俄罗斯境内北亚地区的一片广阔地带。西起乌拉尔山脉，东迄太平洋，北临北冰洋，西南抵哈萨克斯坦中北部山地，南与中国、蒙古和朝鲜等国为邻，面积1276万平方千米，除西南端外，全在俄罗斯境内。

这一广阔的地区被称为取之不尽的资源宝库。俄罗斯科学家、作家罗蒙诺索夫曾经说过："俄罗斯的强大在于西伯利亚的富饶。"根据勘查材料粗略地估算，西伯利亚地区蕴藏的资源接近俄罗斯全部资源的2/3。

西伯利亚地区有大片待开发的肥沃的黑钙土、褐钙土土地；著名的西伯利亚森林覆盖了西伯利亚地区的辽阔地域，其木材蓄积量占前苏联的3/4以上；星罗棋布的大小湖泊以及数以千计的大小河流使西伯利亚地区拥有大量的水力资源。

俄罗斯是世界上的能源大国，石油、天然气、煤炭储量极大，而西伯利亚地区的能源资源尤为丰富。在前苏联的石油潜在资源中，约有一半集中在西伯利亚，而秋明油田的远景储量可达400亿吨，能开采的就有60亿吨。

俄罗斯的天然气储量居世界首位，而以秋明地区为主的西西伯利亚油气田，已发现的油田和气田就达200多个，是世界上仅次于波斯湾的第二大油气田。仅秋明一个州的油气资源就已超过美国的全部储量。

煤炭是俄罗斯主要燃料动力之一，其93%的煤炭资源在乌拉尔以东的西伯利亚地区，据推算，在已探明的储量中，70%左右在西伯利亚地区。

煤 炭

西伯利亚地区电力工业的支柱是水电站。20世纪50年代以来，通过实施一系列区域经济综合开发计划，在安加拉—叶尼塞河流域、勒拿河流域兴建了一系列大型的水力发电站，为西伯利亚的资源开发和工业发展提供了强有力的能源保证。

西伯利亚地区的金属矿和非金属矿十分丰富，这里几乎拥有世界上已经发现的一切矿物资源。铁、铜、铝、锡、镍、铅、锌、镁、钛等有色金属矿，金、银等贵金属矿，钨、钼、钾等稀有金属矿，云母、石棉、萤石、石墨、滑石等非金属矿，以及盐、磷灰石、磷钙石等天然化学原料矿产资源的储量都十分可观。其中，铁、铜、铝、锡的储量尤为丰富。

矿产大国：中国

中国位于亚洲东部，太平洋的西岸，疆域辽阔，沃野千里，山川纵横，景色秀丽，湖沼盆地星罗棋布，地貌极为雄伟壮观。西部多高山峻岭，东部多丘陵、平原。这广袤无垠的大地和复杂多样的地质地貌为储存丰富多彩的矿产资源提供了广阔的空间。

另外，在幅员辽阔的中国大地上，各断代地层发育齐全，自太古宇到新生界均有分布；从太古宙到新生代这30多亿年的时间里，中国大地经历了多期广泛而又剧烈的岩浆活动，形成了多种类型的岩浆岩，广泛分布于全国各地；中国是欧亚大陆的重要组成部分，是全球地壳运动和构造演化的产物。

按板块构造的观点来看，我国位于欧亚板块的东南部，东与太平洋板块和菲律宾板块项链，南与印度板块相接。我国大陆正是处在这几大板块的接壤地区，并受几种不同大地构造单元的影响，因此为形成多样性的矿产创造了良好的地质构造条件。正是由于以上诸种因素，才使得中国成为一个矿产资源大国。

新中国成立60多年以来，我国矿产资源勘查开发取得巨大成就，初步查明了我国矿产资源的分布特点，发现、勘查和开发了一大批矿床，不仅为国民经济建设提供了有力的资源保证，而且形成了比较强大的矿业体系。

据悉，我国目前九成左右的一次能源、八成以上的工业原材料、七成以上的农业生产资料、三成以上的工业和居民用水来自于矿产资源。迄今为止，全国建成大中型矿山企业1万多个，小型矿山企业11万多个，从业人员800多万人。专家认为，没有矿产资源持续稳定的供应，就没有现代经济与社会的发展。

我国能源矿产资源种类齐全、资源丰富、分布广泛。已知探明储量的能源矿产有煤、石油、天然气、油页岩、铀、钍、地热等8种。

我国煤炭资源相当丰富，据地质工作者对煤炭资源进行远景调查结果，在距地表以下2000米深以内的地壳表层范围内，预测煤炭资源远景总量达50592亿吨。

石油是工业的血液，是现代工业文明的基础，是人类赖以生存与发展的重要能源之一。20世纪石油工业的迅速发展与国家战略、全球政治、经济发展紧密地联系在一起，使世界经济、国家关系和人们生活水平发生了巨大的变化。

我国是石油资源较为丰富的国家之一，分布比较广泛。全国共有盆地319个，据对其中145个盆地估算，资源量达930亿吨；其中，以证实有油田存在的有24个盆地，拥有资源量758.9亿吨，占总资源量的84.48%；已发现有油气的盆地有42个，拥有资源量75.66亿吨，占总资源量的7.39%。

天然气（包括沼气）是重要能源矿产资源之一，也是国内外很有发展前景的一种清洁能源。我国天然气资源相当广泛，在石油盆地和煤盆地中均有不同程度的产出。资源量也比较丰富，专家预测我国天然气资源量约有70万亿立方米（煤层气约占一半）。

我国是铀矿资源不甚丰富的一个国家。据近年我国向国际原子能机构陆续提供的一批铀矿田的储量推算，我国铀矿探明储量居世界第10位之后。

地热资源是指能够为人类经济地开发利用的地球内部的热资源，也是一种清洁能源。我国地热资源分布较广，资源也较丰富。

我国金属矿产资源品种齐全，储量丰富，分布广泛。已探明储量的矿产有54种。即：铁矿、锰矿、铬矿、钛矿、钒矿、铜矿、铅矿、锌矿、铝土矿、镁矿、镍矿、钴矿、钨矿、锡矿、铋矿、钼矿、汞矿、锑矿、铂族金属、锗矿、镓矿、铟矿、铊矿、铪矿、铼矿、镉矿、钪矿、硒矿、碲矿。

各种矿产的地质工作程度不一，其资源丰度也不尽相同。有的资源比较丰富，如钨、钼、锡、锑、汞、钒、钛、稀土、铅、锌、铜、铁等；有的则明显不足，如铬矿。

我国非金属矿产品种很多，资源丰富，分布广泛。已探明储量的非金属矿产有88种，为金刚石、石墨、自然硫、硫铁矿、水晶、刚玉、蓝晶石、夕线石、红柱石、硅灰石、钠硝石、滑石、石棉、蓝石棉、云母、长石、石榴子石、叶蜡石、透辉石、透闪石、蛭石、沸石、明矾石、芒硝、石膏、重晶石、毒重石、天然碱、方解石、冰洲石、菱镁矿、萤石、宝石、玉石、玛

金刚石

瑙、颜料矿物、石灰岩、泥灰岩、白垩、白云岩、石英岩、砂岩、天然石英砂、脉石英、粉石英、天然油石、含钾砂叶岩、硅藻土、页岩、高岭土、陶瓷土、耐火黏土、凹凸棒石黏土、海泡石黏土、伊利石黏土、累托石黏土、膨润土、铁矾土、橄榄岩、蛇纹岩、玄武角闪岩、辉长岩、辉绿岩、安山岩、闪长岩、花岗岩、珍珠岩、浮石、霞石正长岩、粗面岩、凝灰岩、火山灰、火山渣、大理岩、板岩、片麻岩、泥炭、盐矿、钾盐、镁盐、碘、溴、砷、硼矿、磷矿。

我国矿产资源分布有以下几个突出特点。

1.贫矿多，富矿少

在我国已经探明储量的159种矿产中，一些重要矿产如铁矿、铜矿、磷矿等已经探明储量的矿床大多数是贫矿。其中，查明资源储量中，铁矿平均品位为32%，品位大于48%的富铁矿仅占我国查明铁矿资源储量的1.9%，有47.6%是贫矿；铜矿平均品位仅为0.87%，不及世界主要生产贸易大国的铜矿石品位的1/3；品位大于1%的富铜矿仅占我国查明铜矿资源储量的30.5%，另外69.5%是低品位矿；我国铝土矿资源60%以上是铝硅比小于7的低品位矿。

2.难采、难选、难冶矿多，易采、易选、易冶矿少

在已探明的铁矿储量中，有1/3是微细粒嵌布的难选赤铁矿。需选贫矿中，磁铁矿占贫矿总量的48.8%，钒钛磁铁矿占20.8%，赤铁矿占20.8%，混合矿（磁赤、磁菱、赤菱铁矿的共生矿）占3.5%，菱铁矿占3.7%，褐铁矿占2.4%；我国铝土矿资源总量98%以上为加工耗能大的一水硬铝石；我国部分矿山铅锌矿品位虽然较高，但相当大一部分氧化矿暂难有效利用。如我国最大的兰坪铅锌矿，数以百万吨计的氧化矿只能堆放待用。这些难选冶矿产在近期内难以开发利用。

3.共生、伴生矿床多，单一矿床少

我国矿产赋存另一个特点是共生、伴生矿床多，单一矿床少。如我国铜铅锌矿共伴生组分复杂，选矿难度较大。在有色金属矿山中，共伴生有用组分

大都能得到不同程度的综合回收利用。45种共、伴生组份中，可利用33种，综合回收的金属量占全国金属总产量的15%。综合统计资料显示，35%的黄金、90%的银、100%的铂族元素和75%的硫铁矿都是通过综合利用得到的。

4.中小型矿床多，大型、特大型矿床少

以大宗有色金属铜、铅、锌为例：我国已勘查的900多个铜矿山中，储量超过50万吨的仅占1/3。全球已探明储量超500万吨的60个大型矿山中，我国仅有玉龙铜矿和德兴铜矿两个，且排位居后。世界铅锌矿储量超500万吨的有39个，我国仅占3个。

过去的60年，矿产勘查和开发基本保证了国民经济与社会发展对矿产资源的需求。我国矿产资源发展虽然取得了显著成就，但也存在一些亟待解决的问题。目前矿产资源开采方式粗放，资源浪费严重，普遍存在采富弃贫问题，综合利用率低，同时开发过程中的监管力度不够，行业准入把关不严。同时，矿产工业环保意识薄弱，污染问题突出，产品应用开发滞后，自主创新不足。

矿产资源综合利用既是开源，也是节流。要解决矿产资源保障和安全供应问题，必须统筹兼顾地质找矿与综合利用，特别是要把矿产资源综合利用放在突出位置，这是解决我国资源保护和合理利用问题的长久之计。

我国的矿产资源经过数百年的探寻和开发，地表及浅部矿产资源多已被发现和利用。从整体而言，矿产资源的新发现向地下深部和海域发展，发现和开发利用的难度、风险性越来越大。找矿难度的增加，导致的查明资源储量增长缓慢，使我国主要矿产资源供需形势日益严峻，自20世纪80年代以来我国铜、铝、铅、锌、钨、镍等年探明资源量基本呈逐年下降的趋势。因此，在近期地质勘查不能取得重大找矿突破时，加强矿产资源综合利用，扩大资源供应来源，提高矿产资源利用率，是解决矿产资源瓶颈约束和保障国家资源安全的必然选择。

1949年新中国成立以来，我国在采选冶及加工利用矿产资源方面取得了一定进展，基本满足了社会经济发展需求。然而，我国矿产资源开发利用水平和能源、资源利用率仍然不高。具体表现在以下几方面：

1.资源回收率低，浪费资源严重

目前，受经济技术水平的限制，我国矿产资源总回收率仅为30%左右，比世界平均水平低15%～20%。

2.能源、资源消耗大，效率不高

我国矿产资源开发利用方式依然粗放，高能耗、高资源消耗产业发展较快，能源、资源利用效率不高，造成资源利用率与发达国家相比差距较大。

3.生态环境破坏大，安全隐患严重

粗放式地开发和低效利用矿产资源，一方面浪费矿产资源；另一方面冶造成环境污染加剧，生态破坏严重，威胁矿区和周边地区的安全。

知识点

地　层

历史上某一时代形成的层状岩石成为地层。地层可以是固结的岩石，也可以是没有固结的堆积物，包括沉积岩、火山岩和变质岩。在正常情况下，先形成的地层居下，后形成的地层居上。层与层之间的界面可以是明显的层面或沉积间断面，也可以是由于岩性、所含化石、矿物成分、化学成分、物理性质等的变化导致层面不十分明显。

我国地层委员会采用宇、界、系、统、阶、亚阶6个地层单位术语。与之对应的地质年代单位为宙、代、纪、世、期、亚期等术语。

延伸阅读

我国矿产资源综合利用潜力分析

1. 一次矿产资源综合利用潜力

一次资源，或者称原地资源、原生资源。矿产资源是一种不可再生的资源，开采了就不可恢复。提高一次资源利用率，关键就是提高矿产资源采选综合回收率。目前，受经济技术水平的限制，我国矿产资源采选综合回收率9种有色金属平均为60%，比国外相差10%～15％。若通过5～15年的矿产资源开发秩序的综合治理和综合利用技术进步，到2020年基本达到国外先进水平，我国矿产资源保障程度将提高10％～30％。

2.二次矿山资源综合利用潜力

矿山二次资源，指矿床开采、选矿、冶炼过程中产生的采矿废石、选矿尾矿、煤矸石、炼渣、废气、废水以及废弃矿山（坑）等矿业开发废弃物。它们是经过矿山一次资源开发而形成的产物，也称为矿业二次资源，它们过去被认为是废弃物，实际上，它们是一种资源。提高尾矿利用率，更多地回收资源，可以提高矿产资源保障程度。目前对尾矿的利用率仅8.2％。国外先进水平对尾矿的利用率达24％。如果我国尾矿利用率提高到24%，以铁矿为例，可以回收6.15亿吨铁精矿，约相当于2003年铁精矿产量的近3倍。因此回收好尾矿可以提高保障能力大约15％。

3.再生金属资源综合利用潜力

再生资源，指以矿产资源为原材料的产品在生产过程和社会消费过程中，多次使用、多次回收再制造后可继续使用的资源，主要指废旧金属的回收利用。提高再生金属回收和循环利用率，也可以提高矿产资源保障程度。今后到2020年再生金属回收利用量将会加大，估计到2020年钢（铁）、铜、铝等二次资源回收量将分别由现在的15％、16％、8％逐步上升到占消费量的30%，回收量分别达到8000万吨、170万吨和390万吨。可以看出再生金属产业可以提高主要金属矿产保障程度23％左右。

综合以上分析，矿产资源综合利用潜力可以最高达60%，最低也在40％以上，平均约50%，这对于我国保障国家资源安全，实现全面建设小康社会具有非常重要的意义。

能源矿产

能源矿产，包括煤、石油、天然气、油页岩、石煤、铀、钍以及地热等，属于可直接或通过转换而获得光、热以及动力能量的载能体资源。

煤炭、石油、天然气是由太阳辐射能转化而成，不仅可用作燃料，而且是重要的化工原料。随着技术的发展，其应用领域将更趋广阔。

能源矿产是推动人类社会进步、促进经济发展、改善生活条件的不可缺少的生产要素和非常重要的物质基础。现代社会，在相当长的历史时期内，仍然离不开能源矿产的开发和利用。

煤炭概述

煤炭被人们誉为黑色的金子，工业的食粮，它是18世纪以来人类世界使用的主要能源之一。虽然它的重要位置已被石油所代替，但在今后相当长的一段时间内，由于石油的日渐枯竭，必然走向衰败，而煤炭因为储量巨大，加之科学技术的飞速发展，煤炭汽化等新技术日趋成熟，并得到广泛应用，煤炭必将成为人类生产生活中的无法替代的能源之一。

那么，煤炭从哪里来呢？煤炭是古代植物埋藏在地下经历了复杂的生物化学和物理化学变化逐渐形成的固体可燃性矿物。

煤

煤炭是千百万年来植物的枝叶和根茎，在地面上堆积而成的一层极厚的黑色的腐殖质，由于地壳的变动不断地埋入地下，长期与空气隔绝，并在高温高压下，经过一系列复杂的物理化学变化等因素，形成的黑色可燃沉积岩，这就是煤炭的形成过程。

一座煤矿的煤层厚薄与这地区的地壳下降速度及植物遗骸堆积的多少有关。地壳下降的速度快，植物遗骸堆积得厚，这座煤矿的煤层就厚；反之，地壳下降的速度缓慢，植物遗骸堆积的薄，这座煤矿的煤层就薄。又由于地壳的构造运动使原来水平的煤层发生褶皱和断裂，有一些煤层埋到地下更深的地方，有的又被排挤到地表，甚至露出地面，比较容易被人们发现。还有一些煤层相对比较薄，而且面积也不大，所以没有开采价值。

煤炭的形成还可能与地质时期的洪水有关。我们可以想象一下，在千百万年前的地质历史期间，由于气候条件非常适宜，地面上生长着繁茂高大的植物，在海滨和内陆沼泽地带，也生长着大量的植物。那时的雨量又

沼 泽

是相当的充沛，当百年一遇的洪水或海啸等自然灾害降临时，就会淹没了草原、淹没了大片森林。那里的大小植物就会被连根拔起，漂浮在水面上，植物根须上的泥土也会随之被冲刷得干干净净，这些带着须根和枝杈的大小树木及草类植物也会相互攀缠在一起，顺流漂浮而下，一旦被冲到浅滩、湾汊就会搁浅。它们就会在那里安家落户，并且像筛子一样把所有的漂浮物筛选在那里，很快这里就会形成一道屏障，并且这个地方还会是下次洪水堆积植物残骸（也会有许多动物的残骸）的地方。当洪水消退后，这里就会形成一道逶迤的堆积植物残骸的丘岭，再经过长期的地质变化，这座植物残骸的丘岭就会逐渐地埋入地下，最后演变成今天的煤矿。

地质学家把煤炭形成的过程称为“成煤作用”。成煤作用可以分为两个阶段。一般认为，成煤作用分为泥炭化阶段和煤化阶段。泥炭化阶段主要是是生物化学过程，煤化阶段主要是物理化学过程。

在泥炭化阶段，植物残骸既分解又化合，最后形成泥炭或腐泥。泥炭和腐泥都含有大量的腐殖酸，但成煤植物有很大不同。泥炭是腐殖煤的一种，是由高等植物形成的，在自然界中分布最广。根据其煤化程度不同，可分为泥炭、褐煤、烟煤和无烟煤四大类。腐泥是由低等值物（以藻类）和浮游生物经过部分腐解形成的，亦称腐泥煤，包括藻煤、胶泥煤和油页岩等。

煤化阶段主要是指由泥炭向褐煤、烟煤、无烟煤转化的漫长的成煤变质阶段。该阶段主要的包含两个连续的过程：

第一个过程：在地热和压力的作用下，泥炭层发生压实、失水、肢体老化、硬结等各种变化而成为褐煤。

褐煤的密度比泥炭大，在组成上也发生了显著的变化，碳含量相对增加，腐殖酸含量和氧含量减少。因为煤是一种有机岩，所以这个过程又叫做成岩过程。

第二个过程是褐煤转变为烟煤和无烟煤的过程。在这个过程中煤的性质发生变化，所以这个过程又叫做变质作用。

地壳继续下沉，褐煤的覆盖层也随之加厚，在地热和静压力的作用下，褐煤继续经受着物理化学变化而被压实、失水。其内部组成、结构和性质都进一步发生变化，整个过程就是褐煤变成烟煤的变质作用，烟煤比褐煤碳含量增高，氧含量减少，腐殖酸在烟煤中已经不存在了，烟煤继续进行变质作用。由低变质程度向高变质程变化，从而出现了低变质的长焰煤、气煤，中等变质程度的肥煤、焦煤和高变质程度的瘦煤、贫煤。它们之间的碳含量也随着变质程度的加深而增大。

在整个地质年代中，全球范围内有三个大的成煤期：

1.古生代的石炭纪和二叠纪，成煤植物主要是孢子植物。主要煤种为烟煤和无烟煤。

2.中生代的侏罗纪和白垩纪，成煤植物主要是裸子植物。主要煤种为褐煤和烟煤。

3.新生代的第三纪，成煤植物主要是被子植物。主要煤种为褐煤，其次为泥炭，也有部分年轻烟煤。

知识点

腐殖酸

腐殖酸是自然界中广泛存在的大分子有机物质，广泛应用于农林牧、石油、化工、建材、医药卫生、环保等各个领域，横跨几十个行业。

腐殖酸也存在于泥炭、页岩和煤中。能与水中的金属离子离合，有利于营养元素向作物传送，并能改良土壤结构，有利于农作物的生长。

腐殖酸

按照来源，腐酸殖可分为天然腐殖酸和人造腐殖酸两大类。在天然腐殖酸中，又按存在领域分为土壤腐殖酸、煤炭煤腐殖酸、水体腐酸殖和霉菌腐殖酸等。

按照生成方式，腐殖酸可分为原生腐殖酸和再生腐殖酸（包括天然风化煤和人工氧化煤中的腐殖酸）。

延伸阅读

煤的主要成分

煤的组成以有机质为主体，构成有机高分子的主要是碳、氢、氧、氮等元素。煤中存在的元素有数十种之多，但通常所指的煤的元素组成主要是五种元素，即碳、氢、氧、氮和硫。在煤中含量很少，种类繁多的其他元素，一般不作为煤的元素组成，而只当作煤中伴生元素或微量元素。

一般认为，煤是由带脂肪侧链的大芳环和稠环所组成的。这些稠环的骨架是由碳元素构成的。因此，碳元素是组成煤的有机高分子的最主要元素。同时，煤中还存在着少量的无机碳，主要来自碳酸盐类矿物，如石灰岩和方解石等。

氢是煤中第二个重要的组成元素。除有机氢外，在煤的矿物质中也含有少量的无机氢。它主要存在于矿物质的结晶水中。在煤的整个变质过程中，随着煤化度的加深，氢含量逐渐减少，煤化度低的煤，氢含量大；煤化度高的煤，氢含量小。总的规律是氢含量随碳含量的增加而降低。

氧是煤中第三个重要的组成元素。它以有机和无机两种状态存在。有机氧主要存在于含氧官能团，如羧基（$-COOH$），羟基（$-OH$）和甲氧基（$-OCH_3$）等中；无机氧主要存在于煤中水分、硅酸盐、碳酸盐、硫酸盐和氧化物中等。煤中有机氧随煤化度的加深而减少，甚至趋于消失。

煤中的氮含量比较少，一般为0.5%～3.0%。氮是煤中唯一的完全以有机状态存在的元素。煤中有机氮化物被认为是比较稳定的杂环和复杂的非环结构的化合物，其原生物可能是动、植物脂肪。植物中的植物碱、叶绿素和其他组织的环状结构中都含有氮，而且相当稳定，在煤化过程中不发生变化，成为煤中保留的氮化物。

煤中的硫分是有害杂质，它能使钢铁热脆、设备腐蚀、燃烧时生成的二氧化硫污染大气，危害动、植物生长及人类健康。所以，硫分含量是评价煤质的重要指标之一。

煤中含硫量的多少，似与煤化度的深浅没有明显的关系，无论是变质程度高的煤或变质程度低的煤，都存在着有机硫或多或少的煤。

煤中硫分的多少与成煤时的古地理环境有密切的关系。在内陆环境或滨海三角洲平原环境下形成的和在海陆相交替沉积的煤层或浅海相沉积的煤层，硫中的硫含量就比较高，且大部分为有机硫。

●煤炭资源概况

煤炭是世界上储量最多、分布最广的常规能源，也是重要的战略资源。它广泛应用于钢铁、电力、化工等工业生产及居民生活领域。在未来100年内，煤炭不可避免地仍将是一种主要能源。

目前，煤炭在世界一次能源消费中所占比重为26.5%，低于石油所占比重37.3%，高于天然气所占比重23.9%。据美国能源信息署预测，到2025年，煤炭在世界一次能源消费结构中所占比重略有下降，但在亚洲发展中国家和地区的能源市场中，煤炭仍将占主导地位。

全球煤炭资源非常丰富。目前，世界煤炭储量约为8474亿吨，按目前的煤炭消费水平计算，足以可供开采200多年。世界各地的煤炭资源分布并不平衡，煤炭主要集中在北半球，世界煤炭资源的70%分布在北半球北纬30°～70°之间。其中，以亚洲和北美洲最为丰富，分别占全球地质储量的58%和30%，欧洲仅占8%；南极洲数量很少。

世界煤炭可采储量的80%以上集中在排名前八名国家。其中美国占28.6%，俄罗斯18.5%，中国11.5%，前三名国家煤炭储量达到世界的58.6%。前十名国家截至2009年具体煤炭储量如下：

排名	国家	探明储量（亿吨）	占比（%）
1	美国	2383	28.9%
2	俄罗斯	1570	19.0%
3	中国	1145	11.5%
4	澳大利亚	750	9.2%
5	印度	541.25	7.1%
6	南非	467	3.7%
7	乌克兰	336.4	4.1%
8	哈萨克斯坦	311.6	3.8%
9	波兰	73	0.81%
10	巴西	69.15	0.75%

从煤炭产量看，世界煤炭生产从20世纪50年代开始进入稳步增长阶段；70年代后期开始，动力煤产量占世界煤炭总产量的绝大部分，炼焦煤产量逐渐下降。90年代初期，美国、澳大利亚、南非的煤炭产量增长，在一定程度上弥补了世界煤炭供应的不足。1998—2000年世界煤炭产量略有下降，2001年以来逐年有所增加。1997—2006年，世界煤炭产量由23.194亿吨石油当量，增加到30.797亿吨石油当量，年均增长达3.2%。

当然，世界煤炭产量的地区分布情况与煤炭资源储量的分布情况相同，主要集中在亚洲太平洋、北美、欧洲和欧亚大陆地区。

2006年煤炭产量前7位的国家依次是中国（占39.4%）、美国（占19.3%）、印度（占6.8%）、澳大利亚（占6.6%）、南非（占4.7%）、俄罗斯（占4.69%）、印度尼西亚（占3.9%），前7位国家的煤炭生产量为26.294亿吨石油当量，占世界煤炭生产总量的85.4%。从煤炭资源消费量看，世界煤炭主要用于发电和炼钢，目前世界上64%的煤炭消费用于发电。

我国是世界产煤大国，也是煤炭消费的大国。2009年我国煤炭探明可采储量居世界第三位，煤炭行业已经成为国民经济高速发展的重要基础。

我国煤炭资源分布面广，除上海市外，全国30个省、市、自治区都有不同数量的煤炭资源。在全国2100多个县中，1200多个有预测储量，已有煤矿进行开采的县就有1100多个，占60%左右。从煤炭资源的分布区域看，华北地区最多，占全国保有储量的49.25%，其次为西北地区，占全国的30.39%，依次为西南地区，占8.64%，华东地区占5.7%，中南地区占3.06%，东北地区占2.97%。按省、市、自治区计算，山西、内蒙古、陕西、新疆、贵州和宁夏6省区最多，这6省的保有储量约占全国的81.6%。

我国煤炭资源不但分布广泛，而且种类较多，在现有探明储量中，烟煤占75%、无烟煤占12%、褐煤占13%。其中，原料煤占27%，动力煤占73%。动力煤储量主要分布在华北和西北，分别占全国的46%和38%，炼焦煤主要集中在华北，无烟煤主要集中在山西和贵州两省。

我国煤炭质量，总的来看较好。已探明的储量中，灰分小于10%的特低灰煤占20%以上；硫分小于1%的低硫煤约占65%～70%；硫分1%～2%的约占15%～20%。高硫煤主要集中在西南、中南地区。华东和华北地区上部煤层多低硫煤，下部多高硫煤。

由以上数据可以看出我国煤炭资源分布有五大特点。

第一个特点是煤炭资源与地区的经济发达程度呈逆向分布。

我国煤炭资源在地理分布上的总格局是西多东少、北富南贫。而且主要集中分布在目前经济还不发达的山西、内蒙古、陕西、新疆、贵州、宁夏等6省区，它们的煤炭资源总量占全国煤炭资源保有储量的81.6%。而我国经济最发达，工业产值最高，对外贸易最活跃，需要能源最多，耗用煤量最大的京、津、冀、辽、鲁、苏、沪、浙、闽、台、粤、琼、港、桂14个东南沿海省市只有煤炭资源量仅占全国煤炭资源总量的5.3%，资源十分贫乏。其中，我国最繁华的现代化城市——上海所辖范围内，至今未发现有煤炭资源赋存。

我国煤炭资源赋存丰度与地区经济发达程度呈逆向分布的特点，使煤炭基地远离了煤炭消费市场，煤炭资源中心远离了煤炭消费中心，从而加剧了远距离输送煤炭的压力，带来了一系列问题和困难。

第二个特点是煤炭资源与水资源呈逆向分布。我国水资源比较贫乏，仅相当于世界人均占有量的1/4，而且地域分布不均衡，南北差异很大。以昆仑山—秦岭—大别山一线为界，以南水资源较丰富，以北水资源短缺。

第三个特点是优质动力煤丰富，优质无烟煤和优质炼焦用煤不多。我国煤类齐全，从褐煤到无烟煤各个煤化阶段的煤都有赋存，能为各工业部门提供冶金、化工、气化、动力等各种用途的煤源。但各煤类的数量不均衡，地区间的差别也很大。

第四个特点是煤层埋藏较深，适于露天开采的储量很少，适于露天开采的中、高变质煤更少。据第二次全国煤田预测结果，埋深在600米浅的预测煤炭资源量，占全国煤炭预测资源总量的26.8%，埋深在600～1000米的占20%，埋深在1000～1500米的占25.1%，1500～2000米的占28.1%。

第五个特点是共（伴）生矿产种类多，资源丰富。我国含煤地层和煤层中的共生、伴生矿产种类很多。含煤地层中有高岭土、耐火黏土、铝土矿、膨润土、硅藻土、油页岩、石墨、硫铁矿、石膏、硬石膏、石英砂岩和煤成气等；

大别山

煤层中除有煤层气（瓦斯）外，还有镓、锗、铀、钍、钒等微量元素和稀土金属元素；含煤地层的基底和盖层中有石灰岩、大理岩、岩盐、矿泉水和泥炭等，共30多种，分布广泛，储量丰富。有些矿种还是我国的优势资源。

知识点

动力煤

从广义上来讲，凡是以发电、机车推进、锅炉燃烧等为目的，产生动力而使用的煤炭都属于动力用煤，简称动力煤。

动力用煤就类别来说，主要有褐煤、长焰煤、不黏结煤、贫煤；气煤以及少量的无烟煤。从商品煤来说，主要有洗混煤、洗中煤、粉煤、末煤等。劣质煤主要指对锅炉运行不利的多灰分（大于40%）低热值（小于15.73兆焦/千克）的烟煤、低挥发分（小于10%）的无烟煤、水分高热值低的褐煤以及高硫（大于2%）煤等。

延伸阅读

我国近代煤矿业简史

1840年鸦片战争以后，中国的门户被迫开放，进入了半殖民地半封建社会，开始出现近代航运业和机器工业，需要大量煤炭，而旧式手工煤窑生产已远远不能适应需要，因此，清廷洋务派积极酝酿引进西方先进的采煤技术和设备，于是近代煤矿开始出现。

煤　窑

近代煤矿的主要标志，一是资本主义经营方式；二是在提升、通风、排水三个生产环节上使用以蒸汽为动力的提升机、通风机和排水机，其他生产环节仍然靠人力和畜力。这种技术状况差不多一直延续到1949年，其中即或有所变化，也只是局部的、微小的。这是近代煤矿区别于古代手工煤窑和现代机械化矿井的主要技术特征。

我国最早的近代煤矿是台湾的基隆煤矿和河北的开平煤矿。

基隆煤矿是清政府两江总督沈葆祯雇用英国煤师开办的，1876年兴建，1878年出煤，因经营管理不善，投产不久产量就日渐下降，1884年中法战争时，矿井被炸，停止生产。

开平煤矿是直隶总督李鸿章1876年命唐廷枢等筹建的，1877年筹办，1881年建成唐山矿，以后又建成林西、西山等矿，后还开办了规模大小不同、寿命长短不一的近代煤矿14个。因管理不善、资金不足、规模很小，大多数都归于失败。

1894年中日甲午战争之后，中国国势益衰，列强乘势接踵而来，外国资本大量侵入中国煤矿。1898年4月，中德签订的《胶澳租借条约》规定：“德国在山东境内自胶州湾修筑南北两条铁路，铁路沿线两旁各三十华里（15千米）以内的矿产，德商有开采权。”此后，英、俄、法、日相继攫得了类似的权利。

据不完全统计，从1895—1912年间，帝国主义攫取中国煤矿权的条约、协定和合同共42项（包括其他矿藏），涉及辽、吉、黑、滇、桂、川、皖、闽、黔、鲁、浙、晋、冀、热、豫、鄂、藏、新等19省。外资煤矿的产量占中国当时近代煤矿总产量的83.2%，基本上控制了中国的煤炭工业。

帝国主义的侵略激起了中国人民的反抗，从1903年起，掀起了收回矿权运动，1911年达到高潮。中国的爱国绅商，不满利源外流，在人民开展收回矿权的斗争中，集资开办了一批煤矿。从1895—1936年中国近代煤矿呈现出发展的趋势。

1937年“七七”事变后，日本帝国主义侵占了我国的绝大多数煤矿，包括外资经营的，都陆续被其霸占，开采方式完全是掠夺性的。从1931—1945年，日本共霸占我国大小煤矿200多处，掠夺煤炭4.2亿吨，被其破坏的煤炭资源不计其数。

1945年抗日战争胜利后，日本霸占的煤矿小部分由解放区人民政府接管，大部分被国民党政权接管。解放战争初期，受政治、军事形势多变的影响，有些煤矿几经易手，处于停产或半停产状态。

煤炭与人类的生产生活

元代初期，意大利旅行家马可·波罗到我国旅行，从公元1275年5月到内蒙多伦西北的上都，至公元1292年初离开中国，游历了新疆、甘肃、内蒙、山西、陕西、四川、云南、山东、浙江、福建和北京。

他在各地看到中国人用一种“黑乎乎”的石头烧火做饭，还用来炼铁，感到很新奇，后来还把它带回欧洲。因为欧洲人都是用木炭作燃料，还不知道这种黑石头为何物。

马可·波罗回国后，在威尼斯和热那亚的战争中被俘，在狱中口述了在中国的见闻，由同狱的鲁思梯谦笔录成《马可·波罗游记》，其中专门谈到了中国这种可以炼铁的“黑石头”及其用法。这种“黑石头”就是人人皆知的煤。欧洲人那时不知道煤可以作燃料。直到16世纪，欧洲人才开始用煤炼铁。煤有很高的热值，能熔炼熔点很高的铁，欧洲炼铁比中国要晚1000多年，这和不知道煤的作用有很大关系。

考古学家证明，我国早在汉代就已普遍用煤作燃料。在河南巩县铁生沟和古荣镇等西汉冶铁遗址都发现了煤饼和煤屑。在《后汉书》中记载：“县有葛乡，有石炭二顷，可燃以爨。”意思是，该县有一处叫葛乡的地方，那里有二顷地的范围生产石炭，它可用来烧饭。可见，当时用煤烧火做饭在民间已经普及。

到晋代及十六国时期，采煤炼铁已传到边疆。古书《水经注·河水篇》记载：“屈茨北二百里有山（即突厥金山），人取此山石炭，冶此山铁，恒充三十六国用。”说明当时用煤来冶炼铁的规模之大。

古时，人们把煤称为石炭、石涅或石墨等，别看其貌墨黑，却也成为古人赋诗的对象。如南朝陈代的张居正写有“奇香分细雾，石炭捣轻纨”的诗句。唐代李峤存写有“长安分石炭，上党结松心”。

虽然我国使用煤的历史要比欧洲早，但是煤被称为“工业的粮食”却是从欧洲开始的。煤被广泛用作工业生产的燃料，是从18世纪末的工业革命开始的。随着蒸汽机的发明和使用，煤被广泛地用作工业生产的燃料，给社会带来了前所未有的巨大生产力，推动了工业的向前发展，随之发展起煤炭、钢铁、化工、采矿、冶金等工业。煤炭热量高，标准煤的发热量为7000千卡/千克。而且煤炭在地球上的储量丰富，分布广泛，一般也比较容易开采，因而被广泛用作各种工业生产中的燃料。

煤炭除了作为燃料以取得热量和动能以外，更为重要的是从中制取冶金用的焦炭和制取人造石油，即煤的低温干馏的液体产品——煤焦油。经过化学加工，从煤炭中能制造出成千上万种化学产品，所以它又是一种非常重要

焦 炭

的化工原料，如我国相当多的中、小氮肥厂都以煤炭作原料生产化肥。我国的煤炭广泛用来作为多种工业的原料。大型煤炭工业基地的建设，对我国综合工业基地和经济区域的形成和发展起着很大的作用。

此外，煤炭中还往往含有许多放射性和稀有元素如铀、锗、镓等，这些放射性和稀有元素是半导体和原子能工业的重要原料。

煤炭对于现代化工业来说，无论是重工业，还是轻工业；无论是能源工业、冶金工业、化学工业、机械工业，还是轻纺工业、食品工业、交通运输业，都发挥着重要的作用，各种工业部门都在一定程度上要消耗一定量的煤炭，因此有人称煤炭是工业的“真正的粮食”。

我国是世界上煤炭资源最丰富的国家之一，不仅储量大，分布广，而且种类齐全，煤质优良，为我国工业现代化提供了极为有利的条件。

知识点

标准煤

标准煤亦称煤当量，具有统一的热值标准。我国规定每千克标准煤的热值为7000千卡。将不同品种、不同含量的能源按各自不同的热值换算成每千克热值为7000千卡的标准煤。

另外，我国还经常将各种能源折合成标准煤的吨数来表示，如1吨秸秆的能量相当于0.5吨标准煤，1立方米沼气的能量相当于0.7千克标准煤。

延伸阅读

大量烧煤的危害

前几年，就在四川重庆和贵州地区发现，居民身穿的衣服遭雨淋之后，很容易损坏。分析证明，这是雨水中含有硫酸或碳酸而引起的，称为酸雨。雨中怎么会有酸呢？主要是因大量烧煤造成的。

目前，我国使用的煤炭占能源的70％以上，煤炭中含有硫，燃烧时这些硫变成二氧化硫气体，排放到大气中。下雨时，这些气体溶解在雨水中就变成硫酸，成为酸雨，排放的二氧化碳遇水也会变成碳酸。据环保部门监测，我国二氧化硫污染最严重的城市大大超过了安全标准。烧煤排放到空气中的粉尘也相当高，有些已达到每平方米1.433毫克。

烧煤产生的大量二氧化碳还会使地球气温升高，产生所谓的温室效应。

科学家们指出，温室效应会使南极冰川融化，使海平面水位上升，世界上许多沿海城市可能遭到“水漫金山”之患，甚至遭没顶之灾。如果大气温度升高3℃～5℃，南极冰帽会基本消失，海平面会上升4～5米。美国大陆48个州将减少1.5％的陆地面积，有6％的人口必须搬迁。亚洲人口密集的沿海地区，包括恒河、湄公河、伊洛瓦底江、长江、珠江入海口及印度尼西亚的人口密集的岛屿，都会受到威胁。

尽管温室效应造成的影响是缓慢的，但日积月累，在几十年至100年之内还是会造成严重的经济损失和财产的付之东流。因此节省燃料，减少有害气体和二氧化碳的排放，已成为当今世界环境保护中最重要的课题之一。

石油概述

石油作为一种重要的能源，在国际市场上的价格越来越高。如果离开了石油，飞机、轮船、汽车以及工厂里的很多机器都将无法正常工作。但是关于“石油是怎样形成的”这个问题，科学家至今仍在争论不休。

1763年，俄国科学家罗蒙诺索夫首先表明观点：石油起源于植物。1876年，俄国化学家门捷列夫提出了“碳化说”。他认为，地球上有丰富的铁和碳，在地球形成初期，它们可能化合成大量碳化铁，以后又与过热的地下水作用，就生成碳氢化合物。碳氢化合物沿着地壳裂缝上升到适当的部位储存凝结，最终形成石油。但这一假说的不足之处是：地球深处的碳化铁含量极其微小，并且地球内部的高温也使地下水无法到达地球深处。

1866年，勒斯奎劳第一个提出了石油的有机成因说，认为石油可能是由古代海生的纤维状植物沉积到地层以后慢慢转化而成的。

1888年，杰菲尔指出石油是海生动物的脂肪经过一系列变化而形成的。20世纪30年代，前苏联的古勃金又提出了石油的“动植物混合成因说”；20世纪40年代，有人还提出石油的“分子生油说”，即油烃类是沉积岩中的分散有机质在成岩作用早期转变而成的。

19世纪末，俄国另一位科学家索科洛夫提出了“宇宙成因”假说。他认为，在地球还处在熔融的火球状态时，吸收了大量原始大气中的碳氢化合物。随着原始地球不断冷却，这些碳氢化合物逐渐凝结埋藏，并在地壳中形成石油。

1951年，前苏联地质学家创立了“岩浆说”。他们认为，石油是在地球深部的岩浆作用中形成的。地球深处的岩浆里面，不仅有碳和氢，而且有氧、碳、氮等元素。在岩浆从高温到低温的变化过程中，这些元素进行了一系列的化学反应，从而形成甲烷、碳氢化合物等一系列石油中的化合物。伴随着岩浆的侵入和喷发，这些石油化合物在地壳内部迁移、聚集、最终形成

开采石油

石油矿藏。

石油容易流动。人们找到石油的地方，往往不是它的“出生地”。在长距离的迁移过程中，石油原来的成分、性质都可能发生变化。这又为研究石油成因问题增添了不少困难。因此，石油形成的原因至今仍然众说纷纭。

但是一般认为，石油的成因和煤有着相似之处，它是地质时期动植物遗骸经过一些了化学和物理变化而形成的。

石油的化学成分，暴露了它的来源，它是有机物，应当与古代生物有关系。一部分科学家认为，石油是伴随着沉积岩的形成而产生的。远古时期繁盛的生物制造了大量的有机物，在流水的搬运下，大量的有机物被带到了地势低洼的湖盆或海盆里。在自然界这些巨大的水盆中，有机物与无机的碎屑混合，并沉积在盆底。宁静的深层水体是缺乏氧气的还原环境，有机物中的氧逐渐散失了，而碳和氢保留下来，形成了新的碳氢化合物，并与无机碎屑共同形成了石油源岩。

在石油源岩中，油气是零散地分布的，还没有形成可以开采的油田。此时，水盆底部的沉积物，在重力的作用下，开始下沉。在地下的压力和高温的影响下，沉积物逐渐被压实，最终变成沉积岩。而液体的石油油滴们拒绝变成岩石，在沉积物体积缩小的过程中，它们被挤了出来，并聚集在一处，由于密度比水还轻，所以石油开始向上迁移。

幸运的话，在岩石裂隙中穿行的石油，最终会遭遇一层致密的岩石，比如页岩、泥岩、盐岩等，这些岩石缺少让石油通过的裂隙，拒绝给石油发通行证，石油于是停留在致密岩层的下面，逐渐富集，形成了油田。含有石油的岩层，叫做储集层，拒绝让石油通过的岩石，叫做盖层。如果没有盖层，石油会上升回到地表，最终消失在地球历史的尘烟中，保留不到人类出现的时候。

科学家在研究的时候还发现可能是生物的演化改变了石油的性质。由于石油的原料是生物的遗骸，因此调查石油的性质便可以得知古老时期的生物演化过程和地球环境历史。

生命的演化大概有下述的过程。生命是于38亿年前诞生，并逐渐地进行演化，到了距今5.5亿年前的古生代寒武纪时期，爆发性的演化才开始，大约4.45亿年前，生命也登上了陆地。

4.4亿年至4亿年前时期，石油源岩的主要成分是当时繁茂的浮游植物所形成的耐碳氢化合物。另一方面，羊齿类植物在此时期繁盛于海岸近处，因此以陆上植物为原料的石油源岩也出现了。

2.9亿年前，广大的陆地普遍出现由裸子植物组成的森林，并到处形成被沼泽地包围的湖沼，藻类便在湖沼中开始繁殖。由此也产生了以藻类为原料的新种石油源岩，这也是陆上植物的繁盛促使新性质石油源岩诞生的一例。

9000万年前，被子植物和针叶树林开始逐渐扩张到高纬度地区和高地，因而出现以陆地木材为原料的石油源岩。另一方面，树木的树脂成为轻质原油的原料，形成新的石油源岩。针叶树林的增加竟使得木材取代了藻类，成为石油源岩的主要原料。

最近石油性质的分析技术有长足的进步，科学家已可以取得有关石油原料性质，以及由热能引起的变化过程等的详细资料。由此种资料即能进一步了解原料生物遗骸逐渐堆积时的环境状况。

大约1.7亿年到200万年前所发生的全球性规模“阿尔卑斯运动期”也造出了巨油田，在此时期，分布于广大范围的1亿年前前后形成的石油源岩都没入地中。现有的石油和天然气有大约2/3就是此时期形成的。

知识点

阿尔卑斯运动

中生代和新生代地壳运动的总称，由欧洲阿尔卑斯山得名。因阿尔卑斯山和喜马拉雅山相继褶皱升起，上述期间沿古地中海形成的欧亚东西向巨大褶皱带又称阿尔卑斯—喜马拉雅褶皱带。

阿尔卑斯造山运动，使贯通欧亚非三大洲的古地中海大大缩小，形成现今地中海周围的阿尔卑斯山、比利牛斯山、阿特拉斯山等山系及巴尔干半岛。由于阿拉伯半岛和印度半岛移至亚洲大陆及高加索山、扎格罗斯山、喜马拉雅山等山地升起，古地中海东段消失。世界大陆、海洋形成现今格局。

延伸阅读

石油炼制简史

石油炼制起源于19世纪20年代。20世纪20年代汽车工业飞速发展，带动了汽油生产。为扩大汽油产量，以生产汽油为目的的热裂化工艺开发成功，随后，40年代催化裂化工艺开发成功，加上其他加工工艺的开发，形成了现代石油炼制工艺。

为了利用石油炼制副产品的气体，1920年开始以丙烯生产异丙醇，这被认为是第一个石油化工产品。20世纪50年代，在裂化技术基础上开发了以制取乙烯为主要目的的烃类水蒸汽高温裂解（简称裂解）技术，裂解工艺的发展为发展石油化工提供了大量原料。同时，一些原来以煤为基本原料（通过电石、煤焦油）生产的产品陆续改由石油为基本原料，如氯乙烯等。

在20世纪30年代，高分子合成材料大量问世。按工业生产时间排序为：1931年为氯丁橡胶和聚氯乙烯，1933年为高压法聚乙烯，1935年为丁腈橡胶和聚苯乙烯，1937年为丁苯橡胶，1939年为尼龙66。

电　石

第二次世界大战后石油化工技术继续快速发展，1950年开发了腈纶，1953年开发了涤纶，1957年开发了聚丙烯。

石油化工高速发展的原因是：有大量廉价的原料

供应；有可靠的、有发展潜力的生产技术；产品应用广泛，开拓了新的应用领域。原料、技术、应用三个因素的综合，实现了由煤化工向石油化工的转换，完成了化学工业发展史上的一次飞跃。

20世纪70年代以后，原油价格上涨（1996年每吨约170美元），石油化工发展速度下降，新工艺开发趋缓，并向着采用新技术，节能，优化生产操作，综合利用原料，向下游产品延伸等方向发展。一些发展中国家大力建立石化工业，使发达国家所占比重下降。

●石油资源概况

石油的分布从总体上来看极端不平衡：从东西半球来看，约3/4的石油资源集中于东半球，西半球占1/4；从南北半球看，石油资源主要集中于北半球；从纬度分布看，主要集中在北纬20°～40° 和50°～70° 两个纬度带内。波斯湾及墨西哥湾两大油区和北非油田均处于北纬20°～40° 内，该带集中了51.3%的世界石油储量；50°～70° 纬度带内有著名的北海油田、俄罗斯伏尔

北海油田

加及西伯利亚油田和阿拉斯加湾油区。

1. 中东波斯湾沿岸

中东海湾地区地处欧、亚、非三洲的枢纽位置，原油资源非常丰富，被誉为“世界油库”。据美国《油气杂志》2006年的数据显示，世界原油探明储量为1804.9亿吨。其中，中东地区的原油探明储量为1012.7亿吨，约占世界总储量的2/3。在世界原油储量排名的前10位中，中东国家占了5位，依次是沙特阿拉伯、伊朗、伊拉克、科威特和阿联酋。其中，沙特阿拉伯已探明的储量为355.9亿吨，居世界首位。伊朗已探明的原油储量为186.7亿吨，居世界第三位。

2. 北美洲

北美洲原油储量最丰富的国家是加拿大、美国和墨西哥。加拿大原油探明储量为245.5亿吨，居世界第二位。美国原油探明储量为29.8亿吨，主要分布在墨西哥湾沿岸和加利福尼亚湾沿岸，以得克萨斯州和俄克拉荷马州最为著名，阿拉斯加州也是重要的石油产区。美国是世界第二大产油国，但因消耗量过大，每年仍需进口大量石油。墨西哥原油探明储量为16.9亿吨，是西半球第三大传统原油战略储备国，也是世界第六大产油国。

3. 欧洲及欧亚大陆

欧洲及欧亚大陆原油探明储量为157.1亿吨，约占世界总储量的8%。其中，俄罗斯原油探明储量为82.2亿吨，居世界第八位，但俄罗斯是世界第一大产油国，2006年的石油产量为4.7亿吨。中亚的哈萨克斯坦也是该地区原油储量较为丰富的国家，已探明的储量为41.1亿吨。挪威、英国、丹麦是西欧已探明原油储量最丰富的3个国家，分别为10.7亿吨、5.3亿吨和1.7亿吨，其中挪威是世界第十大产油国。

4. 非洲

非洲是近几年原油储量和石油产量增长最快的地区，被誉为“第二个海湾地区”。2006年，非洲探明的原油总储量为156.2亿吨，主要分布于西非几内亚湾地区和北非地区。

利比亚、尼日利亚、阿尔及利亚、安哥拉和苏丹排名非洲原油储量前五位。尼日利亚是非洲地区第一大产油国。目前，尼日利亚、利比亚、阿尔及利亚、安哥拉和埃及5个国家的石油产量占非洲总产量的85%。

5. 中南美洲

中南美洲是世界重要的石油生产和出口地区之一，也是世界原油储量和石油产量增长较快的地区之一，委内瑞拉、巴西和厄瓜多尔是该地区原油储量最丰富的国家。2006年，委内瑞拉原油探明储量为109.6亿吨，居世界第七位。2006年，巴西原油探明储量为16.1亿吨，仅次于委内瑞拉。巴西东南部海域坎坡斯和桑托斯盆地的原油资源，是巴西原油储量最主要的构成部分。厄瓜多尔位于南美洲大陆西北部，是中南美洲第三大产油国，境内石油资源丰富，主要集中在东部亚马孙盆地，另外，在瓜亚斯省西部半岛地区和瓜亚基尔湾也有少量油田分布。

6. 亚太地区

亚太地区原油探明储量约为45.7亿吨，也是目前世界石油产量增长较快的地区之一。中国、印度、印度尼西亚和马来西亚是该地区原油探明储量最丰富的国家，分别为21.9亿吨、7.7亿吨、5.8亿吨和4.1亿吨。我国和印度虽原油储量丰富，但是每年仍需大量进口。

由于地理位置优越和经济的飞速发展，东南亚国家已经成为世界新兴的石油生产国。印尼和马来西亚是该地区最重要的产油国，越南也于2006年取代文莱成为东南亚第三大石油生产国和出口国。印尼的苏门答腊岛、加里曼丹岛，马来西亚近海的马来盆地、沙捞越盆地和沙巴盆地是主要的原油分布区。

我国是一个石油资源十分丰富的国家。我国石油资源集中分布在渤海湾、松辽、塔里木、鄂尔多斯、准噶尔、珠江口、柴达木和东海大陆架八大盆地，其可采资源量172亿吨，占全国的81.13%。

从资源深度分布看，我国石油可采资源有80%集中分布在浅层和中深层，而深层和超深层分布较少。从地理环境分布看，我国石油可采资源有76%分布在平原、浅海、戈壁和沙漠。从资源品位看，我国石油可采资源中优质资源占63%，低渗透资源占28%，重油占9%。

全球地层中的石油储量，分为地质储量和可采储量。地质储量是指油田地层中所含石油的总量。可采储量，也称为探明可采储量或探明储量，是指在现有技术经济技术条件下，实际可以从地层中采出的石油数量。可采储量与地质储量之比值叫做油田的采收率。

目前，世界石油的储量仍是个概数，世界上一些能源机构的专家估计的石油储量也不完全一致。

石油国际贸易已有近百年的发展历史，石油国际贸易的地区和贸易量，是随着石油重点产区和重点消费区的变化相应变化。

第一次世界大战以前，石油国际贸易额很小。战后，随着石油产量增加和用途扩大，石油国际贸易也得到迅速发展。

鄂尔多斯

第二次世界大战结束以后，国际能源市场由以煤炭贸易为主转向以石油为主。20世纪至70年代初，世界石油市场由美、英、荷兰等帝国主义的垄断石油资本控制的埃克森公司、美孚公司、英美石油公司、荷兰皇家壳牌公司等7家跨国石油公司组成的国际石油卡特尔所垄断。他们通过一系列协议，瓜分石油资源，控制石油，开采和炼制，垄断石油运输，划分销售市场，操纵石油价格等，垄断着世界石油市场。大部分石油流向了美、英、法、日等发达国家，石油收入的绝大部分也被这些消费国和跨国公司攫取。

1960年9月成立了石油输出国组织，联合起来同西方垄断资本主义的跨国石油公司展开了激烈斗争，收回了一部分被强占的石油资源，控制了一部分石油开采权和销售权。

进入80年代以来，世界石油贸易的地区有明显向多元化发展的趋势。除中东石油输出国组织成员国外，东半球的前苏联、北非、西非、东南亚和西半球的墨西哥等国家和地区的石油出口量都有所增加，国际石油市场竞争加剧。

石油进口，最主要的国家和地区是美国、日本和西欧。亚州地区一些国家工业化的快速发展和汽车等交通工具迅速增加，对石油的需求量不断扩大，也加大了石油的进口量，21世纪国际石油贸易的争夺和斗争将加剧，甚至会引发政治和武装冲突与局部战争。

世界石油消费，近百年来，主要是美、英、德、法、日等资本主义工业发达国家和前苏联（俄罗斯）等国家。美国一直是世界上石油消费量最多的国家。从20世纪80年代以来，亚洲一些国家和地区，工业化和汽车、航空等交通运输事业迅速发展，石油的消费量也不断增加。

一些世界能源机构的专家指出：全世界自近20年以来已烧掉的石油比1979年以前整个烧油史中烧掉的石油还多。

世界一些专家还指出，当常规石油紧缺，油价高到一定程度时，将勘探、开发和利用非常规石油。

所谓非常规石油一般是指油页岩、重质油和油砂等。这类石油资源中所含杂质较多，含油率低，在现有技术经济条件下大规模开发在经济上不合算。从理论上讲，这些石油储量是非传统性的，可以解决世界对液化石油的需求。但难的是石油工业没有资金和必要的时间来尽快开发非传统石油的需求。同时，使用这些原油代用品也许会付出高昂的环境代价，因为这各种石油含有必须去除的重金属和硫磺。

有人预测，21世纪世界石油将发生以下问题。

1.世界石油产量将出现永久性下降，到2020年，每天的石油需求量将超出石油的供应量，将不可避免地出现石油危机。

2.石油供不应求，供需缺口扩大，将结束低价石油时代，导致石油价格上涨，可能出现油价的恶性循环和经济萧条。

3.中东未来仍将是世界市场的最主要石油供应者，由于世界各国对石油需求的增加而扩大从中东进口石油，西方资本主义国家，特别是美国的霸权主义，将进一步控制中东和亚洲地区特定的能源蕴藏，难以避免与发展中国家发生武装冲突，爆发战争。

4.随着世界石油的紧缺，各国将加快采用高新技术提高能源的利用率，寻求石油的替代燃料，以防止石油产量下降带来的全球性经济灾难。

知识点

石油输出国组织

1960年9月，由伊朗、伊拉克、科威特、沙特阿拉伯和委内瑞拉的代表在巴格达开会，决定联合起来共同对付西方石油公司，维护石油收入，14日，五国宣告成立石油输出国组织，简称“欧佩克”。

随着成员的增加，欧佩克发展成为亚洲、非洲和拉丁美洲一些主要石油生产国的国际性石油组织。欧佩克总部设在维也纳。

欧佩克组织条例规定：“在根本利益上与各成员国相一致、确实可实现原油净出口的任何国家，在为全权成员国的三分之二多数接纳，并为所有创始成员国一致接纳后，可成为本组织的全权成员国。”

该组织条例进一步区分了三类成员国的范畴：创始成员国——1960年9月出席在伊拉克首都巴格达举行的欧佩克第一次会议，并签署成立欧佩克原始协议的国家；全权成员国——包括创始成员国，以及加入欧佩克的申请已为大会所接受的所有国家；准成员国——虽未获得全权成员国的资格，但在大会规定的特殊情况下仍为大会所接纳的国家。

延伸阅读

我国主要的陆上石油产地

大庆油田：位于黑龙江省西部，松嫩平原中部，地处哈尔滨、齐齐哈尔市之间。油田南北长140千米，东西最宽处70千米，总面积5470平方千米。1960年3月党中央批准开展石油会战，1963年形成了600万吨的生产能力，当年生产原油439万吨，对实现我国石油自给起了决定性作用。1976年原油产量突破5000万吨，到1996年已连续年产原油5000万吨，稳产21年。是我国第一大油田。

胜利油田：地处山东北部渤海之滨的黄河三角洲地带，主要分布在东营、滨洲、德州、济南、潍坊、淄博、聊城、烟台8个地市的28个县（区）境内，主要工作范围约4.4万平方千米。是我国第二大油田。

辽河油田：主要分布在辽河中下游平原以及内蒙古东部和辽东湾滩海地区。已开发建设26个油田，建成兴隆台、曙光、欢喜岭、锦州、高升、沈阳、茨榆坨、冷家、科尔沁9个主要生产基地，地跨辽宁省和内蒙古自治区的13市（地）32县（旗），总面积近10万平方千米。产量居全国第三位。

松嫩平原

克拉玛依油田：地处新疆克拉玛依市。50余年来在准噶尔盆地和塔里木盆地找到了19个油气田，以克拉玛依为主，开发了15个油气田，建成792万吨原油配套生产能力（稀油603.1万吨，稠油188.9万吨），3.93亿立方米天然气生产能力。从1990年起，陆上原油产量居全国第4位。

我国比较著名的陆上油田还有华北油田、四川油田和大港油田等。

石油的开发利用

石油是由一种生油母质经过长期的地质作用和生物化学作用而转化形成的矿物能源。石油是以液态碳氢化合物为主的复杂混合物。其中碳占80%~90%，氢占10%~14%，其他元素有氧、硫、氮等，总计占1%，有时可达2%~3%，个别油田含量可达5%~7%。

石油在工业生产中是一种重要的燃料动力资源，它的许多优点是其他燃料所无法比拟的。如在物理性质上，石油是可以流动的液体，密度小于水，比其他燃料容易开采；占有的容积小，容易运输。同时，与一般燃料比较，它的可燃性好，发热量高，1千克石油燃烧起来可以产生1万多千卡的热量，比煤炭的发热量高1倍，比木柴的发热量高4~5倍。

此外，石油又有易燃烧、燃烧充分和燃后不留灰烬的特点，正合于内燃机的要求。所以，在陆地、海上和空中交通方面，以及在各种工厂的生产过程中，石油都是重要的动力燃料。在现代国防方面，新型武器、超音速飞机、导弹和火箭所用的燃料都是从石油中提炼出来的。

石油除用作工业燃料外，还是重要的化工原料。现代有机化学工业就建立在石油、煤炭、天然气等资源的综合利用之上。

从石油中可提取几百种有用物质，其经济价值远远超过作为燃料燃烧的经济意义。石油化工可生产出成百上千种化工产品，如塑料、合成纤维，合成橡胶、合成洗涤剂、染料、医药、农药、炸药和化肥等。石油产品不仅在民用中占有重要地位，现代化的工业、农业、国防都需要石油及石油产品，尤其对工业意义重大。

由于石油具有优越的物理、化学性质，作为能源，有很高的发热量；作为原料，不仅产量大，而且广泛用于国民经济和各个部门。石油化工产品几乎能用于所有的工业部门中，是促进国民经济和工业现代化的重要物质基础，现代化的工业离不开石油，就像人体离不开血液一样。因此，石油被称为“工业的血液”。

其实，石油在成为“工业的血液”之前的漫长岁月里，就已经被人们发现和利用了。我国是世界上开采和利用石油最早的国家。早在西周时期，人们就观察到石油浮出水面燃烧的现象。因此在古书《易经》中有“泽中有火”的记载，即看到沼泽水面上的石油着火。

《汉书·地理志》和《汉书·郡国志》也记述在陕西和甘肃玉门很早就发现过石油，说在上郡高奴（今陕西延长一带）有一种可以燃烧的水，书上写的是“洧水可燃”。在甘肃酒泉一带有一种水像肉汤一样黏乎乎的，点燃后可以发出很亮的火。当时的人把这种东西叫石漆，用于油漆木器。其实这些“水”，就是石油。

古时候，我国的石油有许多别名，有人叫它为石脂水，因为它常从石头缝中流出来。有人叫它雄黄油，因为它燃烧时浓烟滚滚，发出一股股硫磺气味。到了宋代，在我国著名科学家沈括写的《梦溪笔谈》那本书中，石油这个名字才正式出现，而后一直沿用至今。

我国古代的石油，主要不是作为能源燃料，而是用来制作润滑剂，或用石油燃烧时的烟灰作墨。用它点灯照明的当然也有。

唐朝段成武所著的《酉阳杂俎》一书，称石油为“石脂水”：“高奴县石脂水，水腻，浮上如漆，采以膏车及燃灯极明。”可见，当时我国已应用石油作为照明灯油了。

随着生产实践的发展，我国古代人民对石油的认识逐步加深，对石油的

盐 井

利用日益广泛。到了宋代，石油能被加工成固态制成品——石烛，且石烛点燃时间较长，1支石烛可顶蜡烛3支。宋朝著名的爱国诗人陆游在《老学庵笔记》中，就有用“石烛”照明的记叙。

我国人工开采石油的历史也很早，公元1303年出版的《大元大一统志》中记载说，在延长县迎河开石油井，其油可燃，兼治六畜疥癣。明曹学佺著《蜀中广记》中还记载了公元1521年在四川嘉州（今乐山）开盐井时打入含油地层，凿成了一口深度至少几百米的石油竖井，利用它来作为熬盐的燃料。

在西方，到1859年，美国人埃德温·德雷克才在宾夕法尼亚州的泰特斯维尔钻成第一口石油井，比我国晚500多年。但我国近代的石油开采较晚，特别是在技术上很落后。直到新中国成立后，石油的开采才出现了新的局面。

现在，我国年产石油达1亿多吨，但依然供不应求。因为石油比煤更为有用，它可以用来作为火车、汽车、飞机等交通工具的燃料，比烧煤方便的多。

在西方，对石油的依赖就更为严重，一旦石油缺少，对社会的打击就非同一般。例如，1973年阿拉伯和以色列之间发生战争，阿拉伯对支持以色列的西方国家实行石油禁运，给英美等以石油作为主要能源的国家以沉重的一击。当时，许多汽车成了一堆不能动弹的“甲壳虫”，居民怨声载道。大量的公司企业因缺少石油能源而大幅度减产，形成了20世纪70年代震惊世界的能源危机。

而且，随着人们对石油的不断开采，现在很多油井的出油量已经不能和以前相比了。因此，科学家想了很多办法来改变这种状况。

石油这种东西通常在地下的石缝中藏着，因黏性大不易流动，如果压力不够大，还流不出来。英美等国自1989年以来，石油大量减产。每天比1988年至少减少50万桶，原因就是油井给的压力不够，油流不出来。在美国，这种“躲”在石缝内的石油就有3400亿桶。几乎是美国已探明的石油储量的2/3。眼看这么多石油“丢失”在老油井中，真是太可惜。于是，英美一些科学家为打扫井下的残油，缓解石油短缺的困难，开始利用细菌这个武器，对井下残余石油进行“细菌战”，逼使石油从石缝中流出来。

美国得克萨斯州比林北部有一座已开采了40年的旧油井，出油量大大不如以前。1990年2月3日，美国人迪安·威尔斯往6000米深的井下灌进了2升多一点的特殊细菌溶液和360多升废糖浆，然后把井口封住，“闷”上几天后，这个原来每天只能产不到2桶石油的老油井，居然“青春焕发”，一天产了7桶石油，增加了2.5倍。而威尔斯灌进去的那2升多溶液和360多升废糖浆，总共才值不过20美元。

1990年9月16日，在伦敦北部，有一家名叫“生命力量”的小公司，也采取将细菌“打入”油井中的方法，从地下油层中“挤出”了许多残油。

上面提到的对石油进行细菌战，能有效地收到如此重大战果，是1945年美国的微生物学家克劳德·佐贝尔的一个重要发现。他在研究中发觉，有许多细菌在新陈代谢时产生的二氧化碳气体和各种表面活性剂，能够降低石油的黏性，变得容易流动。这样，石油就容易从岩石的狭缝中挤出来。而细菌这东西，因为很小，可以无孔不入，能钻进那些分散地躲在小油层的石油之中，在那里繁殖发酵，把石油变稀后挤出来。

知识点

《梦溪笔谈》

《梦溪笔谈》是北宋科学家沈括所著的笔记体著作。大约成书于1086—1093年，收录了沈括一生的所见所闻和见解。

《梦溪笔谈》详细记载了劳动人民在科学技术方面的卓越贡献和他自己的研

究成果，反映了我国古代特别是北宋时期自然科学达到的辉煌成就。

《宋史·沈括传》作者称沈括“博学善文，于天文、方志、律历、音乐、医药、卜算无所不通，皆有所论著”。英国科学史家李约瑟评价《梦溪笔谈》为“中国科学史上的坐标”。

延伸阅读

石油的勘探开采过程

从寻找石油到利用石油，大致要经过四个主要环节，即寻找、开采、输送和加工，这四个环节一般又分别称为“石油勘探”、“油田开发”、“油气集输”和“石油炼制”。

“石油勘探”有许多方法，但地下是否有油，最终要靠钻井来证实。一个国家在钻井技术上的进步程度，往往反映了这个国家石油工业的发展状况，因此，有的国家竞相宣布本国钻了世界上第一口油井，以表示他们在石油工业发展上迈出了最早的一步。

“油田开发”指的是用钻井的办法证实了油气的分布范围，并且油井可以投入生产而形成一定生产规模。从这个意义上说，1821年四川富顺县自流井气田的开发是世界上最早的天然气田。

“油气集输”技术也随着油气的开发应运而生，公元1875年左右，自流井气田采用当地盛产的竹子为原料，去节打通，外用麻布缠绕涂以桐油，连接成我们现在称呼的“输气管道”，总长二三百里，在当时的自流井地区，绵延交织的管线翻越丘陵，穿过沟涧，形成输气网络，使天然气的应用从井的附近延伸到远距离的盐灶，推动了气田的开发，使当时的天然气达到年产7000多万立方米。

至于“石油炼制”，起始的年代还要更早一些，北魏时所著的《水经注》，成书年代大约是公元512—518年，书中介绍了从石油中提炼润滑油的情况。英国科学家约瑟在有关论文中指出：“在公元10世纪，中国就已经有石油而且大量使用。由此可见，在这以前中国人就对石油进行蒸馏加工了。”说明早在公元6世纪我国就萌发了石油炼制工艺。

天然气概述

从广义的定义来说，天然气是指自然界中天然存在的一切气体，包括大气圈、水圈、生物圈和岩石圈中各种自然过程形成的气体。而人们长期以来通用的“天然气”的定义，是从能量角度出发的狭义定义，是指天然蕴藏于地层中的烃类和非烃类气体的混合物，主要存在于油田气、气田气、煤层气、泥火山气和生物生成气中。

天然气是一种多组分的混合气体，主要成分是烷烃，其中甲烷占绝大多数，另有少量的乙烷、丙烷和丁烷，此外一般还含有硫化氢、二氧化碳、氮和水汽，以及微量的惰性气体，如氦和氩等。在标准状况下，甲烷至丁烷以气体状态存在，戊烷以上为液体。

天然气又可分为伴生气和非伴生气两种。

伴随原油共生，与原油同时被采出的油田气叫伴生气；非伴生气包括纯气田天然气和凝析气田天然气两种，在地层中都以气态存在。凝析气田天然气从地层流出井口后，随着压力和温度的下降，分离为气液两相，气相是凝析气田天然气，液相是凝析液，叫凝析油。

天然气与石油生成过程既有联系又有区别：石油主要形成于深成作用阶段，由催化裂解作用引起，而天然气的形成则贯穿于成岩、深成、后成直至变质作用的始终；与石油的生成相比，无论是原始物质还是生成环境，天然气的生成都更广泛、更迅速、更容易，各种类型的有机质都可形成天然气——腐泥型有机质则既生油又生气，腐植形有机质主要生成气态烃。因此天然气的成因是多种多样的。归纳起来，天然气的成因可分为生物成因气、油型气和煤型气。

1.生物成因气

生物成因气指成岩作用（阶段）早期，在浅层生物化学作用带内，沉积有机质经微生物的群体发酵和合成作用形成的天然气。其中有时混有早期低温降解形成的气体。生物成因气出现在埋藏浅、时代新和演化程度低的岩层中，以含甲烷气为主。

生物成因气形成的前提条件是更加丰富的有机质和强还原环境。最有利于生气的有机母质是草本腐殖型—腐泥腐殖型，这些有机质多分布于陆源物质供应丰富的三角洲和沼泽湖滨带，通常含陆源有机质的砂泥岩系列最有利。

2.油型气

油型气包括湿气（石油伴生气）、凝析气和裂解气。它们是沉积有机质特别是腐泥型有机质在热降解成油过程中，与石油一起形成的，或者是在后成作用阶段由有机质和早期形成的液态石油热裂解形成的。与石油经有机质热解逐步形成一样，天然气的形成也具明显的垂直分带性。

在剖面最上部（成岩阶段）是生物成因气，在深成阶段后期是低分子量气态烃，即湿气，以及由于高温高压使轻质液态烃逆蒸发形成的凝析气。在剖面下部，由于温度上升，生成的石油裂解为小分子的轻烃直至甲烷，有机质亦进一步生成气体，以甲烷为主石油裂解气是生气序列的最后产物，通常将这一阶段称为干气带。

3.煤型气

煤型气是指煤系有机质（包括煤层和煤系地层中的分散有机质）热演化生成的天然气。煤田开采中，经常出现大量瓦斯涌出的现象，这说明，煤系地层确实能生成天然气。煤型气是一种多成分的混合气体，其中烃类气体以甲烷为主，重烃气含量少，一般为干气，但也可能有湿气，甚至凝析气。有时可含较多汞蒸气和氮气等。

4.无机成因气

地球深部岩浆活动、变质岩和宇宙空间分布的可燃气体，以及岩石无机盐类分解产生的气体，都属于无机成因气或非生物成因气。它属于干气，以甲烷为主，有时含二氧化碳、氮气、氦气及硫化氢、汞蒸气等，甚至以它们的某一种为主，形成具有工业意义的非烃气藏。

与煤炭、石油等能源相比，天然气在燃烧过程中产生的能影响人类呼吸系统健康的物质极少，产生的二氧化碳仅为煤的40%左右，产生的二氧化硫也很少。天然气燃烧后无废渣、废水产生，具有使用安全、热值高、洁净等优势。但是，对于温室效应，天然气跟煤炭、石油一样会产生二氧化碳。因此，不能把天然气当做新能源。

天然气蕴藏在地下多孔隙岩层中，主要成分为甲烷，密度约0.65，比空气轻，具有无色、无味、无毒之特性。天然气公司皆遵照政府规定添加臭剂（四氢噻吩），以资用户嗅辨。天然气在空气中含量达到一定程度后会使人窒息。

若天然气在空气中浓度为5%～15%的范围内，遇明火即可发生爆炸，这个浓度范围即为天然气的爆炸极限。爆炸在瞬间产生高压、高温，其破坏力和危险性都是很大的。依天然气蕴藏状态，又分为构造性天然气、水溶性天然气、煤矿天然气等几种。而构造性天然气又可分为伴随原油出产的湿性天然气、不含液体成分的干性天然气。

知识点

烷 烃

烷烃，即饱和烃，是只有碳碳单键和碳氢键的链烃，是最简单的一类有机化合物。烷烃分子里的碳原子之间以单键结合成链状（直链或含支链）外，其余化合价全部为氢原子所饱和。烷烃分子中，氢原子的数目达到最大值。

分子中没有环的烷烃称为链烷烃。分子中含有环状结构的烷烃叫环烷烃，又称为脂环化合物。只含有一个环的环烷烃称为单环烷烃，与单烯烃互为同分异构体。

环烷烃按环的大小，分为小环：三、四元环；普通环：五、六、七元环；中环：八至十一元环；大环：十二元环以上。含有两个或多个环的环烷烃称为多环烷烃。

延伸阅读

天然气的危害

天然气主要组分为甲烷，通常占90%以上，还含有一些乙烷、丙烷、丁烷及戊烷以上的烃类，并且有少量的二氧化碳、氮气、硫化氢、氢气等非烃类组分。

甲烷本身无毒，为单纯窒息性气体。

天然气中如果含有较多的硫化氢，吸入会损害健康，甚至致死。硫化氢是一种有毒气体，经黏膜吸收后危害中枢神经系统和呼吸系统，亦可对心脏等多器官造成损害。对其毒害作用最敏感的组织是脑和黏膜接触部位。短期内吸入高浓度硫化氢后出现流泪、眼痛、眼内异物感、畏光、视物模糊、流涕、咽喉部灼热感、咳嗽、胸闷、头痛、头晕、乏力、意识模糊等。部分患者可有心肌损害。重者可出现脑水肿、肺水肿。极高浓度时可在数秒钟内突然昏迷，呼吸和心跳骤停，发生猝死。高浓度接触眼结膜发生水肿和角膜溃疡。长期低浓度接触，引起神经衰弱官能症和自主神经功能紊乱。

天然气是21世纪的清洁能源，但使用不当也会给人们带来灾害。通常情况下，天然气少量泄漏不会引起着火、爆燃等事故，但如果处理不及时，室内泄漏的燃气就会慢慢聚集，达到一定浓度，遇明火可能引发局部爆燃着火，造成一定的损失。当燃气泄漏量较大时，泄漏的燃气与空气混合达到爆炸极限，遇明火就会发生爆炸，造成人身伤亡和财产损失，严重的还会殃及左邻右舍。

天然气资源与开发

世界天然气工业，从20世纪初到60年代发展较为缓慢，天然气产量、消费量和在能源结构中所占比重较小，只在少数工业发达国家主要用于工业部门和民用燃料。但是，在其他地区，尤其是中东地区的石油生产国，长期以来，在油气勘探活动中重点在于找油而不是找气，对天然发现的价值未得到充分认识，加之对天然气开发缺少投资、采气工艺和储运条件等原因，使石油生产过程中相当多的伴生天然气或被散失于大气，或被放火炬烧掉，未回收利用。

进入20世纪70年代，世界石油需求的持续增长，石油危机的发生，及环境保护要求日趋严格，越来越多的国家高度重视寻找石油的替代能源，促进了对天然气的勘探、开发和利用。特别是20世纪90年代以来，无论工业发达国家，还是发展中国家，将更多的资金投入天然气开发，使天然气工业得以迅速发展。

近年来，国际资本与部分国家不断以巨额资金投入天然气开发领域，使天然开发同世界经济一体化紧密联系在一起，天然气开发已成为国际能源市场的热点，也将成为争夺的焦点，在不远的未来天然气将占据世界能源的主导地位，迎来“天然气时代”。

随着世界天然气产量迅速提高，天然气的消费量高速增长，其使用范围也不断扩大。天然气不仅成为仅次于石油和煤炭的世界第三大能源，而且作为一种优质、高效、清洁能源和化工原料，应用领域日益广泛，消耗量不断增加。专家预测，2020年以后，世界天然气消费将赶上并超过石油，跃居各种能源之冠。天然气的作用归纳起来，主要有发电、化工、生活燃料等。天然气发电，具有缓解能源紧缺、降低燃煤发电比例，减少环境污染的有效途径，且从经济效益看，天然气发电的单位装机容量所需投资少，建设工期短，上网电价较低，具有较强的竞争力。

天然气在化工工业中也是必不可少。天然气是制造氮肥的最佳原料，具有投资少、成本低、污染少等特点。天然气占氮肥生产原料的比重，世界平均为80%左右。我们的日常生活更是离不开天然气。随着人民生活水平的提高及环保意识的增强，大部分城市对天然气的需求明显增加。天然气作为民用燃料的经济效益也大于工业燃料。

目前，随着人们的环保意识提高，世界需求干净能源的呼声高涨，各国政府也通过立法程序来传达这种趋势，天然气曾被视为最干净的能源之一，再加上1990年中东的波斯湾危机，加深美国及主要石油消耗国家研发替代能源的决心，因此，在还未发现真正的替代能源前，天然气需求量自然会增加。

我国利用天然气的历史相当久远，至少有1000多年的历史。

自古以来，我国四川一带吃的食盐，都是靠开凿盐井开采的。在开凿盐井时，盐工们发现，从有的井中冒出的气体，可以点火。盐工们就把这种井称为“火井”，其实就是天然气井。

据《华阳国志》这本古书记载："在蜀郡临邛县（今邛崃县）西，南二百里，有火井，夜时光照上映。"《后汉书·郡国志》中也记载说，"在蜀郡临邛有火井，火井欲出其火，先以家火投之，须臾许，隆隆如雷声，灿然通天，光耀十里，以竹筒盛之，接其光而无炭（灰）也，取井火还煮（盐）井水，一斛水得四五斗盐，家火煮之，不过二三斗盐耳。"

这段话的意思是说，临邛这个地方的天然气井，可以点燃，要想让它出火，先要用家里的火把它引燃，这样，用不了一会儿，就会听到像雷一样的隆隆声，火光冲天，10里外都看得见，这种天然气燃烧时没有炭灰，用天然气点火煮盐井水制盐，10斗（即一斛）盐水可熬出四五斗盐，如果用家里的普通炭火煮盐，10斗盐水熬出的盐也就二三斗。说明天然气煮盐的出产率高，收益大。当今世界上有80多个国家开发油气资源。

俄罗斯是全球天然气储量最人的国家，拥有48.1万亿立方米，占全球天然气储量的33.4%；伊朗位居第二，拥有22.9万亿立方米，占16%，这两个国家占全球天然气储量的1/2；卡塔尔位居第三，拥有8.5万亿立方米，占5.9%；阿联酋位居第四，拥有6万亿立方米，占4.2%；沙特阿拉伯位居第五，拥有5.4%万亿立方米，占3.8%。其次，美国、委内瑞拉、阿尔及利亚、尼日利亚、伊拉克、土库曼斯坦、马来西亚、印度尼西亚，依次位居第六位至十三位。这13个国家天然气储量共计117万亿立方米，占全球天然气储量的81%。

我国沉积岩分布面积广，陆相盆地多，形成优越的多种天然气储藏的地质条件。我国天然气探明储量集中在10个大型盆地，依次为：渤海湾、四川、松辽、准噶尔、莺歌海—琼东南、柴达木、吐哈、塔里木、渤海、鄂尔多斯。我国气田以中小型为主，大多数气田的地质构造比较复杂，勘探开发难度较大。

知识点

盐　井

盐井又称盐矿，是食盐的生产源头之一，一般多指内陆地区的盐矿，号称

“川东门户”的万县（今重庆万州），湖北省潜江县，四川省的自贡，其石盐储量都十分丰富。

延伸阅读

天然气汽车及分类

天然气汽车是以天然气为燃料的汽车。

按照所使用天然气燃料状态的不同，天然气汽车可以分为：

压缩天然气（CNG）汽车。压缩天然气是指压缩到20.7～24.8MPa的天然气，储存在车载高压气瓶中。压缩天然气（CNG）是一种无色透明、无味、高热量、比空气轻的气体，主要成分是甲烷，由于组分简单，易于完全燃烧，加上燃料含碳少，抗爆性好，不稀释润滑油，能够延长发动机使用寿命。

液化天然气（LNG）汽车。液化天然气是指常压下、温度为-162℃的液体天然气，储存于车载绝热气瓶中。液化天然气（LNG）燃点高、安全性能强，适于长途运输和储存。

液化石油气（LPG）是一种在常温常压下为气态的烃类混合物，比空气重，有较高的辛烷值，具有混合均匀、燃烧充分、不积碳、不稀释润滑油等优点，能够延长发动机使用寿命，而且一次载气量大、行驶里程长。

目前世界上使用较多的是压缩天然气汽车。

按照燃料使用状况的不同，天然气汽车可分为：

专用燃料天然气汽车。发动机只使用天然气作为燃料。

两用燃料天然气汽车。既可以使用天然气也可以使用汽油作为燃料。

双燃料天然气汽车。可以同时使用液体燃料和天然气。

金属矿产

金属矿产一般分为：黑色金属矿产、有色金属矿产、贵重金属矿产、稀有金属矿产、稀土金属矿产，以及分散元素金属矿产。

黑色金属矿产包括：铁矿、锰矿、铬矿、钒矿、钛矿；有色金属矿产包括：铜矿、铅矿、锌矿、铝土矿、镍矿、钨矿、镁矿、钴矿、锡矿、铋矿、钼矿、汞矿和锑矿；贵重金属矿产包括：金矿、银矿和铂族金属（铂、钯、铱、铑、钌、锇）；稀有金属矿产包括：铌矿、钽矿、铍矿、锂矿、锆矿、锶矿、铷矿和铯矿；稀土金属矿产包括：钪矿、轻稀土矿（镧、铈、镨、钕、钷、钐、铕）、重稀土矿（钆、铽、镝、钬、铒、铥、镱、镥、钇）；分散元素金属矿产包括：锗矿、镓矿、铟矿、铊矿、铪矿、铼矿、镉矿、硒矿和碲矿。

金属矿产是国民经济、国民日常生活及国防工业、尖端技术和高科技产业必不可少的基础材料和重要的战略物资。钢铁和有色金属的产量往往被认为是一个国家国力的体现。

铜与铜矿

铜是古代就已经知道的金属之一。一般认为人类知道的第一种金属是金，其次就是铜。铜在自然界储量非常丰富，并且加工方便。

铜是人类用于生产的第一种金属，最初人们使用的只是存在于自然界中的天然单质铜，用石斧把它砍下来，便可以锤打成多种器物。随着生产的发展，只是使用天然铜制造的生产工具就不敷应用了，生产的发展促使人们找到了从铜矿中取得铜的方法。

含铜的矿物比较多见，大多具有鲜艳而引人注目的颜色，例如：金黄色的黄铜矿，鲜绿色的孔雀石，深蓝色的石青等，把这些矿石在空气中焙烧后形成氧化铜，再用碳还原，就得到金属铜。

铜在地壳中的含量只有十万分之七，可是在4000多年前的先人就使用了，这是因为铜矿床所在的地表往往存在一些纯度达99%以上的紫红色自然铜（又叫红铜）。它质软，富有延展性，稍加敲打即可加工成工具和生活用品。

铜矿上部的氧化带中，还常见一种绿得惹人喜爱的孔雀石。孔雀石因其色彩像孔雀的羽毛而得名。它多呈块状、钟乳状、皮壳状及同心条带状。用孔雀石制成的绿色颜料称为石绿，又叫石菉。孔雀石别号叫“铜绿”，它还是找矿的标志。1957年，地质队员来到湖北省大冶市铜绿山普查找矿，通过勘探，发现大冶市铜绿山是一个大型铜、铁、金、银、钴综合矿床。

南美洲的智利，号称“铜矿之国”。那里有个大铜矿，也是外国人根据孔雀石发现的，那是18世纪末叶的一个趣闻。当时，智利还在西班牙殖民者的统治下。一次，有个西班牙的中尉军官，因负债累累而逃往阿根廷去躲债。他取道智利首都圣地亚哥以南50英里的卡佳波尔山谷，登上1600米高的安第斯山时，无意中发现山石上有许多翠绿色的铜绿。他的文化素养使他认识到这是找铜的“矿苗”，于是带着矿石标本去报矿。后经勘查证实，这是一个大型富铜矿。这座铜矿特命名为“特尼恩特”（西班牙文意为“中尉”）。它是目前世界上最大的地下开采铜矿，年产铜锭30万吨。

纯铜制成的器物太软，易弯曲。人们发现把锡掺到铜里去，可以制成铜锡合金——青铜。青铜比纯铜坚硬，使人们制成的劳动工具和武器有了很大改进，人类进入了青铜时代，结束了人类历史上的新石器时代。

自人类从石器时代进入青铜器时代以后，青铜被广泛地用于铸造钟鼎礼乐之器，如我国的稀世之宝——商代晚期的司母戊鼎就是用青铜制成的。所以，铜矿石被称为“人类文明的使者”。

铜具有良好的导电性、导热性、耐腐蚀性和延展性等物理化学特性。导电性能和导热性能仅次于银，纯铜可拉成很细的铜丝，制成很薄的铜箔。纯铜的新鲜断面是玫瑰红色的，但表面形成氧化铜膜后，外观呈紫红色，故常称紫铜。

铜除了纯铜外，铜可以与锡、锌、镍等金属化合成具有不同特点的合金，即青铜、黄铜和白铜。在纯铜（99.99%）中加入锌，则称黄铜，如含铜量80%，含锌量20%的普通黄铜管用于发电厂的冷凝器和汽车散热器上；加入镍称为白铜，剩下的都称为青铜，除了锌和镍以外，加入其他金属元素的所有铜合金均称作青铜，加入什么元素就称为什么元素，最主要的青铜是锡磷青铜和铍青铜。如锡青铜在我国应用的历史非常悠久，用于铸造钟、鼎、乐器和祭器等。锡青铜也可用作轴承、轴套和耐磨零件等。

与纯铜的导电性有所不同，借助于合金化，可大大改善铜的强度和耐锈蚀性。这些合金有的耐磨，铸造性能好，有的具有较好的机械性能和耐腐蚀性能。

由于铜具有上述优良性能，所以在工业上有着广泛的用途。包括电气行业、机械制造、交通、建筑等方面。目前，铜在电气和电子行业这一领域中

鼎

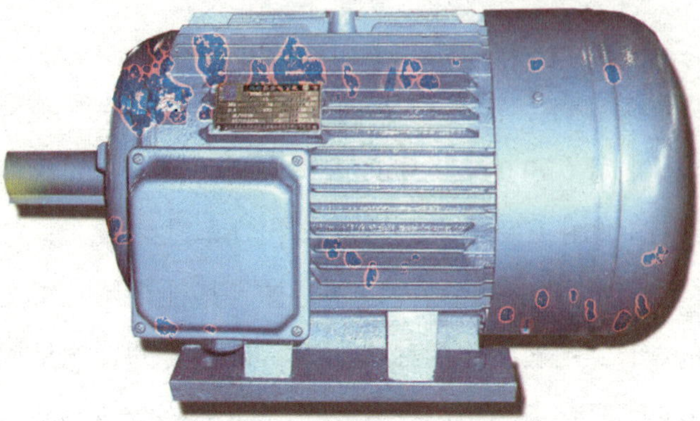

电动机

主要用于制造电线、通讯电缆和其他成品如电动机、发电机转子及电子仪器、仪表等，这部分用量约占工业总需求量的一半左右。铜及铜合金在计算机芯片、集成电路、晶体管、印刷电路版等器材器件中都占有重要地位。例如，晶体管引线用高导电、高导热的铬锆铜合金。

在20世纪80年代中期，美国、日本和西欧国家的精铜消费中，电气工业所占比重最大，中国也不例外。而进入20世纪90年代以后，国外在建筑行业中管道用铜增幅巨大，成为国外消费铜的大头。

火法是铜冶炼的主要技术。精矿选经过熔炼，硫氧化为二氧化硫，大部分铁氧化为氧化物与脉石一起成为渣。铜和其他有色金属及余下的铁生成硫化物，称为冰铜（锍）。冰铜再经吹炼浆硫氧化除去，得到粗铜，进一步精炼并铸成阳极板，经电解得电解铜产品。挥发性共生元素在烟尘中回收，贵金属等在阳极泥中回收。

火法的优点是充分利用了硫和铁氧化产生的热量；贵金属回收率高；渣稳定；对环境影响小。缺点是易造成大气污染；受到硫酸市场的制约。火法具有精矿品位越高、规模越大经济指标越好的特点。

铜的矿物以原生矿为主，因此易于用浮选富集成精矿。精矿铜品位和共生的黄铁矿的量有关，铜的品位在20%～30%之间，铁也在20%～30%，硫在20%～40%之间。

已发现的含铜矿物有280多种，主要的只有16种。除自然铜和孔雀石之外，还有黄铜矿、斑铜矿、辉铜矿、铜蓝和黝铜矿等。我国开采的主要是黄铜矿（铜与硫、铁的化合物），其次是辉铜矿和斑铜矿。

黄铜矿与黄铁矿（硫化铁）有时凭直观很难区别，但是只要拿矿物在粗瓷上划条痕可立见分晓：绿黑色的是黄铜矿；黑色的便是黄铁矿。

铜矿有各种各样的颜色。斑铜矿呈暗铜红色，氧化后变为蓝紫斑状；辉铜矿（硫化二铜）铅灰色；铜蓝（硫化铜）靛蓝色；黝铜矿是钢灰色；蓝铜矿（古称曾青或石青）呈鲜艳的蓝色。在古代文献中，青色即指深蓝色，“青出于蓝胜于蓝”就是这个意思。

全世界探明的铜矿储量约6亿多吨，储量最多的国家是智利，约占世界储量的1/3。我国也是世界上铜矿较多的国家之一，总保有储量铜6243万吨，居世界第7位。在我国探明储量中富铜矿占35%。铜矿分布广泛，除天津、香港外，包括上海、重庆、台湾在内的全国各省区皆有产出。已探明储量的矿区有910处。江西铜储量位居全国榜首，占20.8%，西藏次之，占15%；再次为云南、甘肃、安徽、内蒙古、山西、湖北等省，各省铜储量均在300万吨以上。

我国铜矿资源从矿床规模、铜品位、矿床物质成分和地域分布、开采条件来看具有以下特点：

第一是中小型矿床多，大型、超大型矿床少。据全国矿产储量委员会1987年颁布的“矿床规模划分标准”，大型铜矿床的储量＞50万吨，中型矿床10～50万吨，小型矿床＜10万吨。五倍于大型矿床储量的矿床则称为超大型矿床。按上述标准划分，我国铜矿储量大于250万吨以上的矿床仅有江西德兴铜矿田、西藏玉龙铜矿床、金川铜镍矿田、东川铜矿田。在探明的矿产地中，大型、超大型仅占3%，中型占9%，小型占88%。

第二是贫矿多，富矿少。我国铜矿平均品位为0.87%，品位＞1%的铜储量约占全国铜矿总储量的35.9%。在大型铜矿中，品位＞1%的铜储量仅占13.2%。

第三是共伴生矿多，单一矿少。许多铜矿山生产的铜精矿含有可观的金、银、铂族元素和铟、镓、锗、铊、铼、硒、碲以及大量的硫、铅、锌、镍、钴、铋、砷等元素，它们赋存在各类铜及多金属矿床中。

第四是坑采矿多，露采矿少。目前，国营矿山的大中型矿床，多数是地下采矿，而露天开采的矿床很少。

知识点

青铜器时代

青铜器时代，考古学分期法的一个时期，指主要以青铜为材料制造工具、用具、武器的人类物质文化发展阶段，处于新石器时代和铁器时代之间。是继金石并用时代之后的又一个历史时期。

在青铜器时代，世界上青铜铸造业形成几个重要的地区，这些地区成了人类古代文明形成的中心。在古代文化发达的一些地区，青铜时代与奴隶制社会形态相适应，如爱琴海地区、埃及、美索不达米亚、印度、中国等国家和地区，此时都是奴隶制国家繁荣的时期。但是也有一些地区，没有经过青铜时代便直接过渡到铁器时代。进入文明的地区在青铜时代已经产生了文字。

延伸阅读

铜与人体健康

铜是人体健康不能缺少的为数不多的几种金属元素之一。这些元素和氨基酸、脂肪酸以及维生素都是人体的新陈代谢过程所必需的。

人体内的铜与某些蛋白质结合生成酶，这些酶作为催化剂帮助实现一系列的人体功能。有的酶提供体内生化反应所需要的能量，有的酶则参与皮肤色素的生成转换。另外的酶能帮助形成胶原蛋白和弹性蛋白之间的交联，从而保持或修补细胞组织间的联接。这一点对于心脏和动脉血管来说尤为重要。研究结果认为，缺铜是导致引发冠状动脉心脏病的一个重要因素。

成年人体内的铜含量大约在每千克体重1.4～2.1毫克之间。因此，一个60千克体重的健康人的体内应含有0.1克左右的铜。这一数量虽小，但它对于维持人体的健康却是至关重要和不可缺少的。

值得注意的是，人体本身不能生成铜，因而人类的膳食必须提供足够的铜以保证正常的铜摄入量。

直至不久以前，普遍的看法仍然是绝大多数人能够获得适量的铜。但是，最新的研究表明实际的情况并非这样。例如，曾在英国和美国对许多典型的餐饮食谱的金属含量进行了分析。根据调查研究的结果，只有25%的美国居民日常摄入的铜量达到了美国国家科学院食品和营养委员会认为合适的水平。

典型的美国日常食谱往往只能提供这一水平的一半，而许多工业化国家的餐饮食谱仅及这一推荐标准的40%。在英国，现行的铜摄入量推荐值为0.4毫克/日（1～3岁的婴幼儿）到1.2毫克/日（成年人）。此外，最新的研究还认为含铜量小于1毫克/日的配餐营养结构对成年人是不适宜的。

铁与铁矿

人类认识铁的历史比铜更早。然而，由于铁的熔点（1535℃）要比铜高500℃，冶铁技术的难度更大，因此，在人类发展史上，铁器时代要晚于青铜器时代。

铁在地壳中的含量为4.75%，比铜的含量高600倍。因此，铁矿比铜、铅、锌等有色金属矿既多又大。构成铁矿床的含铁矿物主要有磁铁矿、赤铁矿、镜铁矿、菱铁矿、褐铁矿和针铁矿。用来炼铁的矿物以含铁量较高的赤铁矿和磁铁矿为主。

铁矿床

赤铁矿的成分是三氧

化二铁，颜色呈暗红色或钢灰色，它因粉末呈红色而得名。赤铁矿比同体积的水约重5倍，有时呈现有趣的肾状块体或鱼子状集合体。集合体呈铮亮的玫瑰花瓣状的赤铁矿特称镜铁矿。

磁铁矿的最显著特征是具有强磁性，所以又称“吸铁石”。内蒙古乌兰察布草原有一座海拔1783米的巍峨高山，历代传说那里有无边的神力。据说，成吉思汗有一次率轻骑上山，可是往日的千里马到山顶时，马蹄居然不能动弹。武士们奋力推马，直到铁马掌脱落，骏马才恢复行动自由。1972年7月，28岁的地质学家丁道衡到这里考察，终于揭开了这个千古之谜。原来，这是一座铁矿山，吸住马掌铁的不是神力而是磁铁矿的强磁性。这就是白云鄂博铁矿，称得上是天然的大磁铁。

磁铁矿分布广，有多种成因。生于变质矿床和内生矿床中，岩浆成因矿床以瑞典基鲁纳为典型；火山作用有关的矿浆直接形成的以智利拉克铁矿为典型；接触变质形成的铁矿以我国大冶铁矿为典型；含铁沉积岩层经区域变质作用形成的铁矿，品位低规模大，俄罗斯、北美、巴西、澳大利亚和中国辽宁鞍山等地都有大量产出。

褐铁矿是含水氧化铁矿石，是由其他矿石风化后生成的，在自然界中分布得最广泛，但矿床埋藏量大的并不多见。褐铁矿实际上是由针铁矿、水针铁矿和含不同结晶水的氧化铁以及泥质物质的混合物所组成的。

一般褐铁矿石含铁量为37%～55%，有时含磷较高。褐铁矿的吸水性很强，一般都吸附着大量的水分，在焙烧或入高炉受热后去掉游离水

褐铁矿

和结晶水，矿石气孔率因而增加，大大改善了矿石的还原性。所以褐铁矿比赤铁矿和磁铁矿的还原性都要好。同时，由于去掉了水分相应地提高了矿石的含铁量。

菱铁矿为碳酸盐铁矿石，理论含铁量48.2%。在自然界中，有工业开采价值的菱铁矿比其他三种矿石都少。菱铁矿很容易被分解氧化成褐铁矿。一般含铁量不高，但受热分解出二氧化碳以后，不仅含铁量显著提高而且也变得多孔，还原性很好。

铁矿的形成过程相当复杂。如果将地球比作鸡蛋，那么3000千米深处的铁镍地核犹如蛋黄。3.5亿～5.7亿年前的地壳较薄，断裂多而深，火山喷发频繁，蕴藏在深处的含铁岩浆大量喷出地表。岩浆在地面附近冷却的过程中，分离出铁质和铁矿物，在一定部位相对富集形成铁矿。含铁岩石经日晒雨淋，风化分解，里面的铁被氧化。氧化铁溶解在水中，被带到平静的宽阔水盆地里沉淀富集成沉积型铁矿。再经多次地壳变动，使铁进一步富集。世界上好多著名大铁矿（储量超过1亿吨）就是这样形成的。

全世界已探明铁矿石储量有2000多亿吨。俄罗斯的铁矿储量和产量均居世界之首。另外，储量较多的有加拿大、巴西、澳大利亚、印度、美国、法国及瑞典。

影响铁矿石使用价值的主要因素有：矿石含铁量、脉石化学成分、矿石的物理性质、矿石的高温冶金性能和矿石的可选性等。

矿石含铁量：决定铁矿石贫富程度的最主要指标，也是决定矿石能否直接冶炼的重要指标。含铁量的最低界限是根据冶炼的社会经济效益和技术条件而定，且对每一种矿石都是不同的。工业上使用的矿石其含铁范围大约为23%～70%。炼钢用的块矿要求含铁品位在55%以上，含硫、磷低。高炉冶炼时入炉矿石含铁品位每提高1%，焦比约下降2%，生铁产量约提高3%；含铁品位过低，则渣量过大，焦炭消耗过高，经济上极不合理。

脉石化学成分：脉石中的有益及有害成分是决定矿石使用价值的重要因

素之一。世界上多数铁矿石脉石的主要成分为二氧化硅和三氧化二铝。炼铁时必须加入碱性熔剂方能得到碱度接近于1.0的高炉渣。脉石成分中碱性氧化物（氧化钙）与酸性氧化物（二氧化硅）的比例接近于高炉渣碱度的矿石，称为自熔性矿石。脉石中碱性氧化物含量愈高，则矿石的价值愈高；脉石中二氧化硅/三氧化二铝的比值决定了此种矿石适合于冶炼何种生铁。该比值小时，宜于冶炼铸造生铁；该比值大时，则适合于冶炼制钢生铁。

矿石高温冶金性能：包括热爆裂性、低温还原粉化性、还原性、荷重还原软化性及熔滴性。热爆裂性高的铁矿石对钢铁冶炼均不合适。高炉冶炼的铁矿石要求具有低的低温还原粉化率，高的还原性和良好的软化及熔滴性能。

矿石可选性：从矿石中分选、提取有用矿物的难易程度。它对矿石的使用价值有较大的影响。粗、中、细粒嵌布的磁铁矿及粗、中粒嵌布的赤铁矿，由于可选性较好，分选成本低因而首先得到开采与使用，但细粒和极细浸染的赤铁矿以及复合铁矿，由于可选性比较差，尚难以充分利用。

据联合国出版的《世界铁矿资源调查》一书的统计，铁矿石的工业储量超过3400亿吨，资源总储量（包括工业储量加推定储量）超过7800亿吨。主要分布在俄罗斯、乌克兰、北美、南美东岸、澳大利亚、非洲西岸、印度等地。

下列为世界著名的大型铁矿区：

1.俄罗斯库尔斯克磁力异常区。世界上最大的铁矿，总储量为426亿吨，其中富矿26亿吨，主要为磁铁矿、赤铁矿、假象赤铁矿，少量针铁矿、褐铁矿。

2.乌克兰克里沃罗格铁矿区。总储量为200亿吨，其中富矿20亿吨，资源总量262亿吨。主要为磁铁矿、赤铁矿、假象赤铁矿。含铁品位30%～40%，富矿含铁品位49%～64%，硫、磷含量低。

3.美国苏必利尔湖矿区。美国主要矿石产地。默萨比矿区储量18亿吨，资源总量360亿吨。马奎特矿区储量5亿吨，资源总量180亿吨。矿石为赤铁矿及部分磁铁矿，低品位铁燧岩占绝大部分。

4.加拿大魁北克—拉布拉多地区。加拿大主要铁矿石基地，储量206亿吨，富矿7亿吨，资源总量530亿吨。矿石为赤铁矿、针铁矿、磁铁矿、石英岩。大多数含铁品位30%～40%。

5.澳大利亚哈默斯利矿区。储量为320亿吨，潜在资源估计500亿吨。主要为赤铁矿、水赤铁矿及褐铁矿，绝大部分为富铁矿，含铁品位在50%以上。

6.巴西米纳斯吉拉斯地区。储量300亿吨，资源总量800亿吨，其中240亿吨为优质矿石。主要为赤铁矿、镜铁矿，少量为褐铁矿。富矿含铁品位在66%以上。

7.法国洛林矿区。储量90亿吨，该矿延伸到德国及卢森堡，前者储量为30亿吨，后者为2亿吨。主要为褐铁矿、菱铁矿，少量针铁矿。含铁品位30%。

8.印度比哈尔—奥里萨矿区。储量30亿吨，资源总量150亿吨。绝大部分为优质富矿，主要为赤铁矿。

9.玻利维亚穆图姆及巴西乌鲁库姆地区。估计储量500亿吨。系世界上最大的未受变质的铁石英岩型原生沉积富矿，尚未开采。它为大型赤铁矿、碧玉铁质岩。含铁品位50%～60%。

10.委内瑞拉博利瓦尔矿区。位于博利瓦尔山，主要为赤铁矿、针铁矿。矿石含铁品位45%～69%，储量20亿吨。

11.利比里亚地区。主要矿床位于博米山区、宁巴山和马诺河。储量7亿吨以上。主要为赤铁矿、针铁矿、磁铁矿。有高品位富矿含铁63%～67%，大部分含铁品位在35%～40%。

我国铁矿资源比较丰富，在全国各地均有分布。按地理位置划分，我国的铁矿区可以分为东北矿区、华北矿区、华东矿区和中南矿区。

东北的铁矿主要是鞍山矿区，它是目前我国储量开采量最大的矿区，大型矿体主要分布在辽宁省的鞍山、本溪，部分矿床分布在吉林省通化附近。鞍山矿区是鞍钢、本钢的主要原料基地。

华北地区铁矿主要分布在河北省宣化、迁安和邯郸、邢台地区的武安、矿山村等的地区以及内蒙古和山西各地。华北铁矿区是首钢、包钢、太钢和邯郸、宣化及阳泉等钢铁厂的原料基地。

中南地区铁矿以湖北大冶铁矿为主，其他如湖南的湘潭，河南省的安阳、舞阳，江西和广东省的海南岛等地都有相当规模的储量。

华东地区铁矿主要是自安徽省芜湖至江苏南京一带的凹山，南山、姑山、桃冲、梅山、凤凰山等矿山。此外还有山东的金岭镇等地也有相当丰富的铁矿资源储藏。

除上述各地区铁矿外，我国西南地区、西北地区各省，如四川、云南、贵州、甘肃、新疆、宁夏等地都有丰富的不同类型的铁矿资源。我国铁矿资源虽较丰，但以贫矿居多。因此，要从国外进口富铁矿。

知识点

矿产品位

矿产品位又称矿石品位，指金属矿床和部分非金属矿床（如磷灰石、钾盐、萤石等）中有用组分的富集程度及单位含量。是衡量矿产资源质量优劣的主要标志。通常以%、克/吨、克/立方米、克/升等表示。

矿石品位高低决定矿产资源开发利用价值大小、加工利用方向与生产技术工艺流程等。根据有用矿物含量多少，将矿产品分为三类：

边界品位：划分矿与非矿界限的最低品位，即圈定矿体的最低品位，凡未达到此指标的称岩石或矿化岩石；

平均品位：矿体、矿段或整个矿区达到工业储量的矿石总平均品位，以衡量矿产的贫富程度；

工业品位，或称临界品位：工业上可利用的矿段或矿体的最低平均品位，即在当前技术经济条件下，开发利用在技术上可能、经济上合理的最低品位。

一般将品位高的矿石称富矿，反之称贫矿。矿产品位愈高，利用价值愈大，各项生产技术指标愈好；品位愈低，利用价值愈小，各项生产技术指标愈差。

延伸阅读

铁与人体的关系

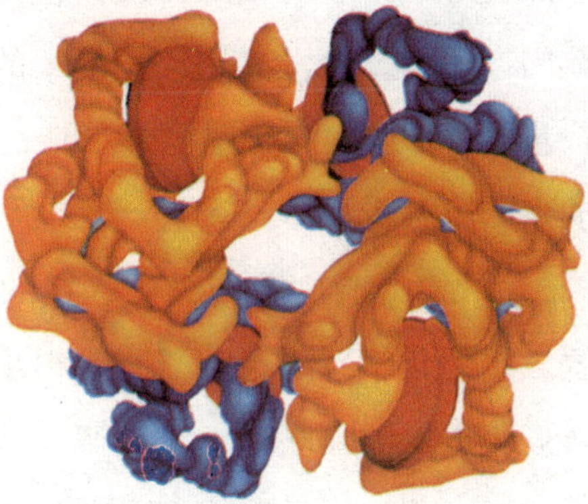

血红蛋白

铁是人体含量的必需微量元素，人体内铁的总量约4～5克，是血红蛋白的重要部分，人全身都需要它，这种矿物质而已存在于向肌肉供给氧气的红细胞中，还是许多酶和免疫系统化合物的成分，人体从食物中摄取所需的大部分铁，并小心控制着铁含量。

铁对人体的功能表现在许多方面，铁参与氧的运输和储存。红细胞中的血红蛋白是运输氧气的载体；铁是血红蛋白的组成成分，与氧结合，运输到身体的每一个部分，供人们呼吸氧化，以提供能量（能量食品），消化（消化食品）食物，获得营养。

人体内的肌红蛋白存在于肌肉之中，含有亚铁血红素，也结合着氧，是肌肉中的“氧库”。当运动（运动食品）时肌红蛋白中的氧释放出来，随时供应肌肉活动所需的氧。心、肝、肾这些具有高度生理活动能力和生化功能的细胞线粒体内，储存的铁特别多，线粒体是细胞的“能量工厂”，铁直接参与能量的释放。

铁还可以促进发育；增加对疾病的抵抗力；调节组织呼吸，防止疲劳；构成血红素，预防和治疗因缺铁而引起的贫血；使皮肤恢复良好的血色。

世界卫生组织建议供铁（铁食品）量为成年男子5～9毫克；成年女子14～28毫克。中国营养学会推荐婴儿至9岁儿童每天需铁10毫克，10～12岁儿童（儿童食品）需铁12毫克、13～18岁的少年男性（男性食品）需铁15毫克，少年（少年食品）女性20毫克，18岁以上每天12毫克，但成年女性（女性食品）为18毫克。乳母、孕妇（孕妇食品）为28毫克。

●铝与铝土矿

金属铝是世界上仅次于钢铁的第二重要金属，由于铝具有密度小、导电导热性好、易于机械加工及其他许多优良性能，因而广泛应用于国民经济各部门。目前，全世界用铝量最大的是建筑、交通运输和包装部门，占铝总消费量的60%以上。铝是电器工业、飞机制造工业、机械工业和民用器具不可缺少的原材料。

铝在自然界中分布极广，铝的地壳丰度为8.3%，仅次于氧和硅，居第三位。铝的化学性质十分活泼，很少发现自然界中以元素状态存在的铝。但据新近报道，前苏联科学家在调查西伯利亚和乌拉尔石英矿脉时发现了微量的天然铝。我国科学家也在本国的石英矿脉中发现了天然铝。已知的含铝矿物有250多种，其中最常见的是铝硅酸盐族。

1825年，丹麦物理学家H．C．奥尔斯德使用钾汞齐与氯化铝交互作用获得铝汞齐，然后用蒸馏法除去汞，第一次制得了金属铝。从此，铝这种金属就开始走进人们的生活了。

自然界已知的含铝矿物有258种，其中常见的矿物约43种。实际上，由纯矿物组成的铝矿床是没有的，一般都是共生分布，并混有杂质。从经济和技术观点出发，并不是所有的含铝矿物都能成为工业原料。用于提炼金属铝的主要是由一水硬铝石、一水软铝石或三水铝石组成的铝土矿。

铝 矿

一水硬铝石又名水铝石，斜方晶系，结晶完好者呈柱状、板状、鳞片状、针状、棱状等。水铝石溶于酸和碱，但在常温常压下溶解甚弱，需在高温高压和强酸或强碱浓度下才能完全分解。一水硬铝石形成于酸性介质，与一水软铝石、赤铁矿、针铁矿、高岭石、绿泥石、黄铁矿等共生。其水化可变成三水铝石。

一水软铝石又名勃姆石、软水铝石，斜方晶系，结晶完好者呈菱形体、棱面状、棱状、针状、纤维状和六角板状。矿石中的一水软铝石常含三氧化二铁、氧化钙等类质同象。一水软铝石可溶于酸和碱。该矿物形成于酸性介质，主要产在沉积铝土矿中，其特征是与菱铁矿共生。它可被一水硬铝石、三水铝石、高岭石等交代，脱水可转变成一水硬铝石等，水化可变成三水铝石。

三水铝石又名水铝氧石、氢氧铝石，单斜晶系，结晶完好者呈六角板状、棱镜状，常有呈细晶状集合体或双晶，矿石中三水铝石多呈不规则状集合体，均含有不同量的三氧化二铁、氧化钙等类质同象或机械混入物。

三水铝石溶于酸和碱，其粉末加热到100℃经2个小时即可完全溶解。该矿物形成于酸性介质，在风化壳矿床中三水铝石是原生矿物，也是主要矿石矿物，与高岭石、针铁矿、赤铁矿、伊利石等共生。三水铝石脱水可变成一水软铝石、一水硬铝石等。

其实，铝土矿的发现要比铝元素早，当时误认为是一种新矿物。从铝土矿生产铝，首先需制取氧化铝，然后再电解制取铝。铝土矿的开采始于1873年的法国，从铝土矿生产氧化铝始于1894年，采用的是拜耳法，生产规模仅每日1吨多。

到了1900年，法国、意大利和美国等国家有少量铝土矿开采，年产量才不过9万吨。随着现代工业的发展，铝作为金属和合金应用到航空和军事工业，随后又扩大到民用工业，从此铝工业得到了迅猛发展，到1950年，全世界金属铝产量已经达到了151万吨，1996年增至2092万吨，成为仅次于钢铁的第二重要金属。

铝土矿的应用领域有金属和非金属两个方面。铝土矿的非金属用途主要是作耐火材料、研磨材料、化学制品及高铝水泥的原料。铝土矿在非金属方面的用量所占比重虽小，但用途却十分广泛。例如：化学制品方面以硫酸盐、三水合物及氯化铝等产品可应用于造纸、净化水、陶瓷及石油精炼方面；活性氧化铝在化学、炼油、制药工业上可作催化剂、触媒载体及脱色、脱水、脱气、脱酸、干燥等物理吸附剂；氯化铝可供染料、橡胶、医药、石油等有机合成应用；玻璃组成中有3%～5%的氧化铝可提高熔点、黏度、强度；研磨材料是高级砂轮、抛光粉的主要原料；耐火材料是工业部门不可缺少的筑炉材料。

铝的冶金产品有原铝、精铝和高纯铝三种。由冰晶石—氧化铝熔盐电解法生产出来的铝称为原铝，其纯度一般为99.5%～99.8%。精铝是用铝三层液电解精炼法或凝固提纯法生产的，纯度为99.99%。高纯铝则是用多次区域熔炼法提纯得到的，纯度为99.999%。

世界铝土矿资源丰富，资源保证度很高。按世界铝土矿产量计算，静态保证年限在200年以上。据美国地质调查局估计，2001年世界铝土矿资源量约为550亿～750亿吨，主要分布在南美洲（33%）、非洲（27%）、亚洲（17%）、大洋洲（13%）和其他地区（10%）。从国家看，几内亚、澳大利亚两国的储量约占世界储量的一半，南美的巴西、牙买加、圭亚那、苏里南约占世界储量的1/4。此外，据近年的报道，越南也有丰富的铝土矿资源，估计储量在80亿吨左右。

澳大利亚是世界上拥有铝矾土资源最多的国家，铝矾土资源主要集中在三个地区：一是昆士兰北部，即卡奔塔利亚湾附近的韦帕和戈夫地区；二是西澳珀斯南面的达令山脉，上述两地区是世界上最大的、已探明可以开发的铝矾土矿藏地；三是西澳北部的米切尔高地和布干维尔角。

几内亚矾土资源丰富，主要分布在下几内亚、中几内亚和上几内亚。矿点位于距离大西洋100～500千米的地点。下几内亚铝土矿质量最好，储量最大，约50亿吨。距离海岸线比较近。中几内亚储量为5亿吨，三氧化铝含量高达46.7%，二氧化硅含量平均为1.88%。但是距离海岸线比较远，所以未大规模开采；上几内亚储量19亿吨，三氧化铝含量为44.1%，二氧化硅含量为2.6%。

随着需求的不断增加，铝土矿的开采量也不断增长。世界主要的铝土矿生产国有20多个，规模型矿山80多座。主要的铝土矿生产国除澳大利亚、几内亚以外，还有巴西、牙买加等，以上4国的铝土矿产量约占全球产量的70%。

我国铝土矿资源也比较丰富，华北地台、扬子地台、华南褶皱系及东南沿海4个成矿区都具有较好的铝土矿成矿条件，尤以晋中—晋北、豫西—晋南、黔北—黔中3个成矿带成矿条件较好，资源远景也大；桂西—滇东及川南—黔北等成矿带也有一定的远景。

我国铝土矿除了分布集中外，以大、中型矿床居多。储量大于2000万吨的大型矿床共有31个，其拥有的储量占全国总储量的49%；储量在500万～2000万吨之间的中型矿床共有83个，其拥有的储量占全国总储量的37%，大、中型矿床合计占到了86%。

我国铝土矿的质量比较差，加工困难、耗能大的一水硬铝石型矿石占全国总储量的98%以上。在保有储量中，一级矿石只占1.5%，二级矿石占17%，三级矿石占11.3%，四级矿石占27.9%，五级矿石占18%，六级矿石占8.3%，七级矿石占1.5%，其余为品级不明的矿石。

我国铝土矿的另一个不利因素是适合露采的铝土矿矿床不多，据统计只占全国总储量的34%。

铝土矿

与国外红土型铝土矿不同的是，我国古风化壳型铝土矿常共生和伴生有多种矿产。在铝土矿分布区，上覆岩层常产有工业煤层和优质石灰岩。在含矿岩系中共生有半软质黏土、硬质黏土、铁矿和硫铁矿。铝土矿矿石中还伴生有镓、钒、锂、稀土金属、铌、钽、钛、钪等多种有用元素。在有些地区，上述共生矿产往往和铝土矿在一起构成具有工业价值的矿床。铝土矿中的镓、钒、钪等也都具有回收价值。

我国铝土矿的最后一个特点是，地质工作程度比较高。

知识点

拜耳法

所谓的拜耳法是因为是它是K．J．拜耳在1889—1892年提出而得名的，120多年来它已经有了许多改进，但仍然习惯地沿用着拜耳法这个名字。

拜耳法用在处理低硅铝土矿，特别是用在处理三水铝石型铝土矿时，流程简单，作业方便，产品质量高，其经济效果远非其他方法所能比美，目前全世界生产的氧化铝和氢氧化铝，有90%以上是用拜耳法生产的。

拜耳法包括两个主要的过程，也就拜耳提出的两项专利，一项是他发现氧化钠与氧化铝摩尔比为1.8的铝酸钠溶液在常温下，只要添加氢氧化铝作为晶种，不断搅拌，溶液中的氧化铝便可以呈氢氧化铝徐徐析出，直到其中氧化钠与氧化铝的摩尔比提高至6，已经析出了大部分氢氧化铝溶液，在加热时，又可以溶出铝土矿中的氧化铝水合物，这也就是利用种分母液溶出铝土矿的过程，交替使用这两个过程就能够一批批地处理铝土矿，从中得出纯的氢氧化铝产品，构成所谓的拜耳法循环。

延伸阅读

铝超标的危害

铝是一种低毒金属元素，它并非人体需要的微量元素，不会导致急性中毒，但食品中含有的铝超过国家标准就会对人体造成危害。

人体摄入铝后仅有10％～15％能排泄到体外，大部分会在体内蓄积，与多种蛋白质、酶等人体重要成分结合，影响体内多种生化反应，长期摄入会损伤大脑，导致痴呆，还可能出现贫血、骨质疏松等疾病，尤其对身体抵抗力较弱的老人、儿童和孕妇产生危害，可导致儿童发育迟缓，老年人出现痴呆，孕妇摄入则会影响胎儿发育。

食用铝超标的膨化食品，铝会在人体内不断的累积，引起神经系统的病变，干扰人的思维、意识和记忆功能，严重者可能痴呆。人体中铝元素含量太高时，会影响对磷的吸收。在肠道内形成的不溶性磷酸铝随粪便排出体外，而缺磷又影响钙的吸收（没有足够的磷酸钙生成），造成沉积在骨质中的钙流失，抑制骨生成，发生骨软化症。摄入过高的铝，还可能导致骨质疏松，容易发生骨折。

油条、薯条等都含有铝，食用含铝添加剂的食品，是人们摄入铝的主要来源之一。油条是许多人常吃的一种食品，它在制作过程中，常加入明矾和苏打，使其含铝量较高。粉丝、凉粉、油饼、薯条、用含铝的发酵粉非自然发酵法制作的馒头、面包都含铝。目前，我国生产并广泛应用的含铝食品添加剂主要有钾明矾、铵明矾和复合含铝添加剂。尽管国家标准没有对食品添加剂中铝含量作出规定，但规定了食品中铝的含量不得超过100毫克/千克。

一些含有氢氧化铝的药品，在治疗人们疾病的同时，也使铝元素悄悄进入人体。铝锅、铝壶、铝盆等铝或铝合金制品，也都是铝元素进入人体的来源。尤其是在炒菜时加上点醋来调味，就更加速了铝的溶解。

金与金矿

从古到今，“黄金”这两个字不管对一个国家还是一个人，都有着极大的吸引力，拥有黄金就等于拥有了财富。所以，古今中外有不少人做过“黄金梦”；有不少人想学“炼金术”，能有“点石成金”的法术。

黄金不仅是财富的象征，在西方，带有精美而昂贵的黄金首饰，如戒指、耳环、项链、胸饰、别针、手镯等，出入社交界，是高贵的象征，视为最时髦的事。

在金属世界中，金是能够以自然形态存在的金属之一。它很早就被人类所发现，是人类早期文明中最先结识的朋友。由于它的颜色为金黄色，能够强烈地反射太阳的光辉，光泽耀眼，闪闪熠熠，格外受到人们的喜爱。

金体积小而重量大，便于携带、运输。利用它的密度大的特点，可以沙里淘金；金的密度大，但硬度较小，通常自然金用牙都能咬出痕迹来，用普通小刀、钉子也能进行刻划；金的化学性质极稳定，它在任何状态下都不会被氧化，所以它不会生锈、变质，不受腐蚀，易于储藏；金的熔点和沸点均很高，熔点为1063.4℃；沸点为2677℃；金的延展性极佳，能在一定的压力下伸展成薄片——金箔，最薄的金箔仅有0.0001毫米厚，像这样的金箔10万张叠在一起，厚度也只有1厘米。纯金可以拉制成极细的金丝。我国古代人民利用金的这一特性，把金制成金线，用作华丽的“织金”服；纯金的质地很软，当含有杂质时，其物理性能就会发生显著改变，如金中若含有0.01%的铅，其性质就变脆；当含有银或铜时，硬度会增加。

因为金具有良好的物理机械性能、抗蚀性能和很高的化学稳定性，所以，它的用途十分广泛。

金因有金黄的颜色和易加工性能，所以自古以来始终被用于制作首饰和装饰品。

金具有很高的化学稳定性，所以很久以来把金作为制造货币的一种金属，至今仍是国际是最重要的货币。货币具有五种职能，即价值尺度、流通手段、贮藏手段、支付手段和世界货币，所有的货币只有金同时具备这五种职能。所以金是世界货币，是硬通货和保值金属。在

金 币

国际上把黄金储备作为衡量一国家支付能力和经济实力的重要标志之一。

在现代工业中，应用黄金最多的是电子工业。在电路上应用黄金的触点中，一般都是涂上一层很薄的金膜，就可以在较低的电压下获得较高的效率，这是其他金属不可能比拟的。

在航空工业中，用金的合金制造发动机的火花电极塞。由于金的黄色吸光性好，反射率为94.4%的特点，在军事上可用来防御导弹和防御来自普通热源的热辐射。

在化学工业中，金用作钢管的镀层，以输送腐蚀性物质。在建筑业中，金被用来作现代楼房窗户的一种高级绝热介质。玻璃表面镀上一层小于1微米的金膜，可以最大限度地使自然光通过，在冬季能保温，在夏季能反射阳光。这种玻璃在火车、汽车和大型客机也得到了应用。金膜通电后还可以保持不被污染的性能。金膜的热反射作用也可应用在太阳能聚集器上。

金在医疗上也得到了应用，因为有很高的化学稳定性和易加工性能，在五官科用来镶牙；金的放射性同位素用于诊断和治疗关节炎和恶性肿瘤；用金箔治疗烧伤和皮肤溃疡等。

除上述外，金的合金还可用来制造仪器仪表的零件和触头；用来制成表壳和笔尖。金的合金制品可靠性高，而且寿命长。

根据地质学的勘查表明，金在地壳中的含量很少，可算是一种稀少而珍贵的金属。每千吨岩石中的含金量仅为3.5克。而金的开采主要为脉金和沙金两种，约占金总储量的75%，其次是和一些有色金属相伴生的金，约占金总储量的25%。就整个世界而言，黄金的总储量为3.5万～4万吨，与其他矿物相比，黄金的储量是很少的。因此，黄金就显得更加宝贵。

金在自然界的含量很少，但由于在地壳中分布极不均匀，在某些地区富集的结果形成了具有开采价值的矿床。

在原生条件下，金呈硫和氯的络合物形式存在，有一种观点认为在高于50℃的温度下热水溶液中的硫氢化物极易将金溶解，它们借助于热水溶液进行迁移。在适宜的条件下，金的络合物与铁进行化学反应后生成沉淀的金。在氧化条件下，如围岩中含有氯化物时，它使金溶解，并被与金同时析出的硫化物和石英所吸附，造成了金的次生富集，形成了含金矿床。

一般而言，金是难溶的，在氧化带中金常被残留，富集或原生金矿被风化剥蚀及再沉积后，形成各种类型的金矿。

金是亲硫元素，原生条件下金矿物常与黄铁矿、毒砂等硫化矿物共生，但从不与硫形成硫化物，更不与氧化合。主要以元素状态的自然金存在。

自然界含金矿物有20余种。主要有：

1.自然金。自然金常呈粒状、片状及其他不规则形状，大的自然金块重可达数十千克，小的在矿石中呈高度分散的微细金粒，其粒度可小到0.1微米或更细。

自然金矿物并非化学纯，常含有银，铜，铁、碲等杂质。但随杂质含量的增高比重降低，自然金密度15.6～18.3（纯金比重19.3），硬度2～3；因含铁杂质而具有一定的磁性，结晶构造为金属晶格。

2.含银的金矿物。由于金与银的原子半径相近，晶格结构类型相同、化学性质也相近，当自然金中含银量达一定时，可称之为银金矿（亦可归属银矿物），含金自然银、银铜金等自然金属元素矿物。

3.金与铂族元素组成的矿物。当自然金矿物中混入相当量的铂族元素时可以形成钯金矿（含钯11.6%），铂金矿（含铂10%），铱金矿（含铱30%）及铂银金矿，钯铜金矿等；当金元素类质同象混入铂族元素矿物中时又可叫铂金钯矿和铀金锇矿等。

4.铋金矿。在某些特定的地质条件下金与铋结合形成的矿物。当含铋4%时，呈固溶体，而含铋大于4%时呈固溶体与自然铋的混合物，性质与自然金极相似。

5.金与碲组成的矿物。金与碲组成的化合物有碲金矿，亮碲金矿、针碲金银矿、碲金银矿和叶碲金矿等。

6.金碲矿。金与锑的化合物。

最常见的最主要的矿物是自然金，其次是银金矿、碲化金等。

世界金矿床按其成因类型划分较为复杂，大致分类，并对代表矿区加以简介。

1.砂金矿床

20世纪以前，世界黄金产量绝大部分采自砂金矿。但至20世纪初，西方主要产金国的富砂矿都已贫竭，从砂矿中生产的金不断减少。至20世纪20年代左右，从砂矿中采出的金可能只占世界年总产量的10%左右。后来内于采金船等机械化采选设备的广泛应用，以及前苏联等一些大型砂矿的投产，从砂矿中生产的金又逐渐上升至20%～30%。

世界著名的砂金矿床按其成矿特点和分布位置有澳大利亚卡尔古利等的残积砂矿，我国黑龙江流域和美国加利福尼亚的河床砂矿，我国汉江流域的阶地砂矿。美国阿拉斯加和我国山东半岛的滨海砂矿，以及我国益阳一带的滨湖砂矿等。

2.变质含金砾岩矿床

南非威特沃特斯兰德金矿田是世界驰名的巨大型变质含金砾岩富矿床，它位于德兰土瓦省和奥兰治自由邦，分布面积达几千平方千米。矿石以含金砾岩层和含金石英脉为主，伴生矿物为黄铁矿及其他硫化物，有些矿区与金共生的有价矿物还有沥青铀矿和沥青铀钍矿和宝石。

3.金—毒砂—硫化物—银建造的各类热液矿床

此类矿床成矿条件各异，结构多样，广泛分布于世界各地和各个地质年代中，尤以前寒武纪的变质岩中分布最广，为高、中、低温热液原生矿床。它是世界上大多数国家生产金、银的重要矿床。

此类矿床中著名的大型矿床有前苏联乌拉尔和印度科拉尔等的高温热液金—毒砂矿床，前苏联外贝加尔达拉松和加拿大黄刀等的中温热液金—硫化物多金属矿床，以及墨西哥帕丘卡和美国霍姆斯特克等的低温热液金—

银矿床等。

4.沉积变质金矿床

此类矿床在有些国家也有分布，其中以乌兹别克穆龙陶矿床规模最大，年产金已达80吨。前苏联时，在该矿山兴建了世界最大的氰化–树脂矿浆法提金厂，它为从氰化矿浆中采用树脂吸附金，和载金树脂的硫脲解吸提金工艺提供了成功的经验。

5.铜、铅、锌、镍等有色重金属矿床中的共生金

此类矿床在世界分布极广，金主要与它们的硫化矿物共生，或嵌布于黄铁矿、磁黄铁矿中。在这些矿床的氧化带或铁帽中，金多解离为单体。据统计，近些年已探明的黄金储量中，这些矿床中金的蕴藏量约占15%～20%。且有些矿床正是由于其中含有一些金才具有总的开采价值。此类矿床有芬兰奥托昆普火山岩铜矿，巴布亚新几内亚潘古纳斑岩铜矿，澳大利亚奥林匹克坝沉积型铜铀矿，美国宾厄姆斑岩铜钼矿，我国金川铜镍矿和河南西部石英脉金铅矿，俄罗斯诺里尔斯克火山岩多金属矿和秘鲁中央山脉矽卡岩多金属矿等。

6.热液变质或接触交代的铜铁矿床

许多热液变质和接触交代的矽卡岩型铜铁矿床也含有较高的金。如我国长江中下游的铜铁矿床，金与硫化铜共生于磁铁矿中，可通过优先浮选和磁选分离。

砂金矿床开采方式分为露天和地下开采两种方式。

1.露天开采

（1）全面开采：包含矿砂层在内的，以地表为上限，以可视为开采对象的含金部位为下限的全部松散堆积物，称为混合砂。全面开采当前主要是采金船开采和水枪开采等方法。

采金船是漂浮在水上的采、选联合机械设备，是目前开采砂金方法中最先进的方法之一，它适于开采品位较低而储量较大的河漫滩和滨岸砂金矿。采金船的开采技术条件见附录一。

利用水枪喷射的高压水流冲采矿砂，然后用砂泵输送到选矿系统。采掘面最小宽度为20米。最低矿砂量为50万～150万立方米，一般为每立方米矿砂耗水15～22立方米。水枪开采适用于矿体底板坡度大，碎屑物质易冲洗，采场断面高不大于20米的支谷砂金矿或阶地砂金矿。

（2）分别开采：剥离泥砂层之后开采矿砂层。它适于开采泥砂层和矿砂层界线分明并适合剥离开采的矿床。

2.地下开采

适于开采矿砂层品位较高，埋藏较深不适于露天开采的矿床。采幅高度自基岩面向上为1.3～1.5米，如矿砂层厚度小于采幅高度时，可用米克值衡量。

世界上黄金产量最多的国家是南非，其次是俄罗斯、美国、加拿大、澳大利亚、巴西、菲律宾、巴布亚新几内亚和哥伦比亚等国。

南非是世界上最大的产金国。产量和矿山规模都居世界首位。南非以开采脉金为主，矿体大，品位高，开采方式全部是地下开采。

前苏联（俄罗斯）是第二大产金国，在全部产量中砂金约占70%，脉金

金 矿

约占30%。

美国黄金矿山约有200个，以露天开采为主。在需求增加和黄金价格提高的刺激下，新技术、新工艺得到了推广和应用，炭浆与堆浸工艺已被广泛采用。氰化—炭浆为主要工艺流程；其次是氰化—氯化—氧化—炭浆法流程，氰化—锌粉置换流程，堆浸—炭吸附流程，也有重选—浮选流程等。

加拿大以小型矿山为主，大大小小遍布全国，多数实现了机械化和自动化。其中以脉金产量为主，伴生金占25.5%，砂金占0.5%。

澳大利亚在历史上曾是一个产金大国，1903年产量最高达到119.3吨，居世界第二位。到1976年锐降到15.4吨，降至世界第六位。近年来由于黄金的地位和作用日益重要，政府对黄金生产采取了增加投资、减免利税、积极推广采用新技术的鼓励政策，使黄金生产得到了迅速发展。

巴西黄金矿山主要由分散的个体经营，个体生产黄金57吨，占全国产量的87%。生产技术落后，资源浪费，走私严重，所以产量很不稳定。政府采取继续鼓励个体生产，同时发展国营矿山，引进并推广选进技术的政策，因此今后巴西黄金的生产将得到发展，产量将会继续上升。

我国金矿类型繁多，其金矿床的工业类型主要有：石英脉型、破碎带蚀变岩型、细脉浸染型（花岗岩型）、构造蚀变岩型、铁帽型、火山—次火山热液型、微细粒浸染型等矿床。其中主要产于破碎带蚀变岩型、石英脉型及火山—次火山热液型，三者约占金矿总储量的94%。

尽管我国金矿类型较多，找矿地质条件较优越，但至今还未发现像南非的兰德型、前苏联的穆龙套型、美国的霍姆斯塔克和卡林型、加拿大霍姆洛型以及日本与巴布亚新几内亚的火山岩型等超大型的金矿类型。

我国金矿分布广泛，据统计，全国有1000多个县（旗）有金矿资源。但是，已探明的金矿储量却相对集中于我国的东部和中部地区，其储量约占总储量的75%以上，其中山东、河南、陕西、河北四省保有储量约占岩金储量的46%以上；其他储量超过百吨的省（区）有辽宁、吉林、湖北、贵州、云南；

山东省岩金储量接近岩金总储量的1/4，居全国第1位。砂金主要分布于黑龙江，占27.7%，次为四川占21.8%，两省合计几乎占砂金保有储量的一半。

知识点

合　金

我们常将两种或两种以上的金属（或金属与非金属）熔合而成具有金属特性的物质叫做合金。但合金可能只含有一种金属元素，如钢。

尽管常见是合金一般是混合物，但是合金可以是纯净物，例如金属互化物。

合金的生成常会改善元素单质的性质，例如，钢的强度大于其主要组成元素铁。合金的物理性质，例如密度、反应性、杨氏模量、导电性和导热性可能与合金的组成元素尚有类似之处，但是合金的抗拉强度和抗剪强度却通常与组成元素的性质有很大不同。这是由于合金与单质中的原子排列有很大差异。

少量的某种元素可能会对合金的性质造成很大的影响。例如，铁磁性合金中的杂质会使合金的性质发生变化。

延伸阅读

狗头金

狗头金是天然产出的，质地不纯的，颗粒大而形态不规则的块金。它通常由自然金、石英和其他矿物集合体组成。有人以其形似狗头，称之为狗头金。有人以其形似马蹄，称之为马蹄金；但多数通称这种天然块金为狗头金。

狗头金在世界上分布稀少，不易多得，但由于黄金价值昂贵，被人们视为宝中之宝。找到狗头金常常带有一定偶然性，一旦发现狗头金，常常引起社会轰动。

19世纪中叶，一位木匠在美国西海岸路旁捡到一块狗头金，重32千克，此事传播开来，人群纷纷涌向这里，到处挖金子，形成了一个找金热潮。持续了50年的淘金热之后，一座新兴的旧金山市出现了。

澳大利亚一辆大篷车路过金矿区时被石头颠翻，下车检查竟是一巨大的狗头金，重77.6千克。找到狗头金，可以获得一笔可观的财富，因而它也成了人类福气的象征。

根据统计资料，迄今世界上已发现大于10千克的狗头金约有8000～10000块。数量最多首推澳大利亚，占狗头金总量的80%。其中最大的一块重达235.87千克的狗头金也产于澳大利亚。

我国现代发现狗头金的事例也很多。1909年，四川省盐源县一位采金工人在井下作业时不幸被顶上掉下来“石块”砸伤了脚，他搬开“石头”感到很重，搬到坑口一看，竟是一块金子，重达31千克。

1982年黑龙江省呼玛县兴隆乡淘金工岳书臣，休息时无意中用镐刨了一下地，却碰到了一块重3325克的金子。1983年陕西省南郑县武当桥村农民王伯禹，捡到一块810克的狗头金。报载四川省白玉县孔隆沟，有一个盛产狗头金的山沟，1987年又找到重4800.8克和6136.15克的大金块，接连刷新建国以来我国找到狗头金的重量纪录，堪称“国宝”。

现在，世界上的许多地方，不管在标本界，个人收藏界里，这种自然金的估价都是极高的。

银与银矿

纯银为银白色，故又称白银。在所有金属中，银的导电性、导热性最高，延展性和可塑性也好，易于抛光和造型，还能与许多金属组成合金或假合金。银还具有较强的抗腐蚀、耐有机酸和碱的能力，在普通的温度和湿度下不易被氧化。因为银有如此多的优点，所以它不仅很早就被人们用来作货币、饰品和器皿，而且在现代工业中也得到了广泛应用，成为工业和国防建设不可缺少的重要原材料。

白银作为贵金属主要用于工业、摄影业以及首饰、银器和银币的制作。白银的多功能性使得它在大多数行业中的应用不可替代，特别是需要高可靠性、更高精度和安全性的高技术行业。

白银具有良好的导电性和导热性，在电子行业中得到了广泛的应用，尤其在导体、开关、触点和保险丝上。白银还可用于厚膜浆料，网孔状和结晶状的白银可以作为化学反应的催化剂。

银的化合物卤化银，用于生产感光胶片。硝酸银用于镀银，可制作银镜。碘化银用于人工降雨。

白银首饰和银器具有良好的反射率，磨光后可以达到很高的光亮度。除了装饰、美化的作用外，我国古代人还使用银器来检验毒物。银接触某些毒物会发生化学反应，生成一种化合物，这种化合物颜色与银的银白色有所区别，由此判断是否含有毒物。

银币曾经作为银本位制国家的法定货币，盛行一时。但随着货币制度改革、信用货币的产生，银币逐渐退出了流通领域。目前，铸造的银币主要是投资银币和纪念银币。

此外，银离子和含银化合物可以杀死或者抑制细菌、病毒、藻类和真菌，反应类似汞和铅，但目前背后的原理仍未解开。因为它有对抗疾病的效果，所以又被称为亲生物金属。

白银主要存在于银矿石、银精矿、粗银和纯银产品中。

1.银矿石

银在自然界的含量是很低的，按地壳中元素的分布情况属微量元素，仅比金平均高约为20～30倍。银矿资源为独立银矿和伴生银矿。银的矿物主要以硫化物的形式存在。银的工业矿物主要有自然银、辉银矿、硫铜银矿、锑银矿、脆银矿等。虽然银的工业矿物不少，但它们却很少富集成单独的银矿床，通常是以分散状态分布在多金属矿、铜矿及金矿中。银产量的一半以上来自多金属矿的综合回收。

2.银精矿

银精矿为有色金属工业生产过程中的中间产品，确定银的品位及相关元素的含量对银精矿供需双方的交易和生产工艺流程的确定有着重要的作用。

主要测定元素除银外，还有金、铜、砷、铋、铅、锌、硫、铝和镁。

3.粗银

粗银主要指银含量为30%～99.9%的矿银、冶炼初级银产品以及回收银。由于粗银所包含的范围比较广泛，导致了该产品品种的多样性和复杂性。粗银除了那些成分比较单一均匀和已知品质的回收银产品可直接利用之外，其他的通常需要通过提炼、浓集成相应有利用价值的金属元素之后才能利用。

4.纯银

纯银是指由各种含银原料生产的、银含量在99.90%～99.99%的银。纯银主要应用在照相、化学试剂、化工材料、医药、电子工业、装饰、珠宝和银制品等各行业，在货币制造和纪念品制作业中也占不小的份额。

银属铜型离子，亲硫，极化能力强。在自然界中常以自然银、硫化物、硫盐等形式存在，因其离子半径较大，又能与巨大的阴离子硒和碲形成硒化物和碲化物。但它通常最喜欢潜藏在方铅矿中，或作机械混入，或作类质同象潜晶。其次是赋存于自然金、黄铜矿、闪锌矿等矿物中。因此在铅矿、锌矿、铜矿、金矿开采、冶炼过程中往往也可回收银。

在内生作用中，银在热液阶段才趋于高度集中，富集成银（金）或各种含银的多金属硫化物矿床；在表生条件下，银的硫化物可形成具有一定溶解性、易溶于水的硫酸银，在氧化带下部形成次生富集体；在沉积作用中，银常与铜、金、铀、铅、锌或钒、磷等一起迁移，沉淀于砂岩、黏土页岩和碳酸盐岩类岩石中，当其达到一定程度的富集，可形

黏土页岩

成沉积型或层控型银矿床；在变质作用过程中，原岩中呈细分散状态的银，经变质热液的萃取与活化迁移，在适当的地质条件下可富集形成具有经济价值的新矿床，或者使原矿体叠加富化。

由于银矿物或含银矿物种类繁多，它们又可在不同的地质作用阶段形成，因此这些银矿物常分布在不同的矿相中，甚至好几种银矿物赋存于同一矿石之中，它们除独立呈粗粒单晶存在，嵌布于脉石矿物中外，还有与方铅矿、闪锌矿、黄铁矿、黄铜矿等呈细微的连晶出现，也有呈分散状态赋存于上述矿物之中。

主要银矿床类型有：

1.火山沉积类型银矿床

这类银矿床的特点是：

（1）矿体的围岩是火山岩或是火山岩与沉积岩的互层。

（2）矿体在多数情况下呈层状、似层状、透镜状，与围岩产状基本一致。

（3）火山喷发的气液对围岩造成或强或弱的蚀变。

（4）成矿物质一般都认为是幔源的或深部壳源的。

（5）矿床具有同生成矿及后生成矿的双重性质。

根据火山作用及火山—沉积作用的岩相，这类银矿床又分为海相和陆相两个亚类。陆相亚类中还分为火山岩型和潜火山岩型。

2.沉积类型银矿床

这类矿床是产在正常沉积岩层中的同生沉积矿床，矿体一般呈层状、透镜状，具有一切正常沉积岩的结构构造特点，如层理、韵律、岩相等；层状矿体一般较薄，但在水平方向上具有较大的延伸性。

根据沉积岩的岩性和岩相，这类银矿床又分为页岩型和碳酸盐岩型两个亚类。

3.变质类型银矿床

变质类型银矿床系同生的或后生的各种银矿床经受了各种变质作用之后

的受变质或变成矿床。原来矿体的产状、矿物组分、结构构造，甚至品位等，已经不同程度地受到改造。虽然由于所经受的变质种类及程度不同而具有不同的特点，但是还是具有一些共同的特征：

（1）具有片状、片麻状或结晶粒状构造，原生的构造只作为残留体以变余构造保留下来。

（2）在变质作用的过程中，由于脱水作用而产生的热液使成矿物质活化、迁移，而产生了一系列热液矿床特点，如蚀变、富集、矿体产状的改变等，具有同生、后生两种成矿作用的双重特点。

根据变质作用程度和类型的不同，这类矿床又分为区域（沉积）变质、接触变质（矽卡岩）、超变质（混合岩化及花岗岩化）等亚类。这类银矿床在我国具有很大的工业价值。

4.侵入岩（中酸性）类型银矿床

这类银矿床最主要的特点是它们与侵入岩具有空间上和时间上的紧密联系，矿床围岩可以是侵入岩本身，或其近旁的硅铝质岩或碳酸盐岩，矿体形成晚于围岩，主要受构造控制，特别是断裂构造的控制。在硅铝质围岩中一般呈脉状、网脉状充填，而在碳酸盐岩中呈不规则层状或团块状交代矿体，并有多种多样比较强烈的围岩蚀变。

5.沉积改（再）造类型银矿床

这种类型银矿床的基本特点是，具有明显的同生成矿与后生成矿双重性质。很多矿床在同生成矿阶段，主要成矿元素有一定的富集，形成了胚胎矿，或矿源层（矿源体），在以后的构造—岩浆活动或其他地质作用中，这些初始矿层（矿体）经受了一系列改造或再造，不同程度地打上了“后生”成矿作用的烙印，原生比较分散的成矿元素重新活化、迁移、富集起来，提高了矿床的经济价值，这就使得这类矿床既具有地层控制的特点，又具有构造、岩性控制的特点，故又称之层控矿床，对银矿床来说，这种类型的矿床，无论在国内还是国外都是非常重要的。

按照改造作用程度的不同，这类矿床又分为沉积改造和沉积再造两个亚类。

银是人类最早发现和开采利用的金属元素之一。约在5000～6000年以前的远古时代，人类就已经认识自然银，并且采集它。

在16世纪以前，世界银矿的采冶中心居地中海和亚洲地区，最大的银矿在希腊、西班牙、德国和中国，当时年均产银不足200吨。到了中世纪以后，美洲和大洋洲相继被人们开发，从此世界采银业的重心，逐渐转到秘鲁、墨西哥，继而发展到美国、智利、加拿大和澳大利亚，至今这些国家仍是世界上主要产银的国家。

目前，白银资源主要分布在波兰、中国、美国、墨西哥、秘鲁、澳大利亚、加拿大和智利等国，他们约占世界总储量和储量基础的80%以上。而且波兰的储量和储量基础列居世界首位，分别为5.1万吨和14万吨，占世界银储

波　兰

量和储量基础的18.8%和24.6%。另外俄罗斯、哈萨克斯坦、乌兹别克斯坦和塔吉克斯坦等国也有不少银资源。

按2005年世界银矿山产量19257.4吨计，现有的世界银储量和储量基础静态保证年限分别为14年和30年，说明世界白银储量的保证程度并不很高。

近年新发现的主要含银矿床有：澳大利亚新南威尔士州勘查发现保丁斯地区的金银矿床，有1872吨银，在进行可行性研究；墨西哥发现的多罗尔斯金银矿床，有73吨金和3614吨银，在进行可行性研究；墨西哥发现的潘纳斯魁塔金银铅锌矿床，有42吨金和4945吨银；墨西哥发现的奥坎姆波金银矿床，有44吨金和2183吨银，在进行可行性研究；

世界主要产银国有秘鲁、墨西哥、中国、澳大利亚、智利、加拿大、波兰和美国等。这八大产银国近几年年产量均在千吨以上，2005年合计占世界总产量的80%左右。

秘鲁是世界上最大的银生产国，全国有40多个产银矿山，多为银—铅—锌矿山和金—银矿山。产银较多的有乌丘查库、阿尔坎塔、安塔米纳、塞罗德帕斯科、基鲁维尔等矿山。

墨西哥为世界第二大产银国，全国有30多个较大的银矿山，包括普罗阿诺、蒂萨帕、圣马丁等矿山。

我国仍然视为世界第三大产银国，近年矿山银产量节节上升。我国银矿分布有以下几个特点：

1.产地分布广泛，储量相对集中。全国已探明有储量的产地分布在27个省区。储量在万吨以上的省有江西、云南、广东；储量在5000～10000吨的省区有内蒙古、广西、湖北、甘肃。这7个省区的储量占了全国总保有储量的60.7%。其余20个省、市、自治区的储量只占全国总储量的39.3%。

2.伴生银资源丰富，产地多，但贫矿多，富矿少。我国伴生银资源丰富，全国除宁夏外，其他各省、市、自治区都有伴生银产地。但是我国伴生银矿富矿少，贫矿多，银品位大于50克/吨的富伴生银矿只占伴生银矿储量的1/4

左右，而银品位小于50克/吨的贫伴生银矿储量却占伴生银矿总储量的3/4。

3.大、中型产地少，占有的储量多；小型产地多，占有的储量少。

4.银多与铅锌矿共生或伴生。我国共生银矿以银铅锌矿为多，其保有储量占银矿储量的64.3%。伴生银矿主要产在铅锌矿（占伴生银矿储量的44%）和铜矿（占伴生银矿储量的31.6%）中。与银共生或伴生的除了铅锌和铜外，还有锡矿、金矿，以及多金属矿等。

澳大利亚为世界第四大矿山银生产国。占世界总产量的12%左右。澳大利亚的坎宁顿矿山是该国最主要、最大的白银生产企业，占全国白银总产量的2/3左右。智利在2005年成为世界第五大矿山银生产国，矿山银产量主要来自金和铜矿山。波兰矿山银产量居世界第六位，它是欧洲最重要的白银生产国，约占欧洲白银总产量的55%。

知识点

围岩蚀变

围岩蚀变是在热液成矿过程中，近矿围岩与热液发生化学反应而产生的一系列物质成分和构造、结构的变化。因其常与矿体伴生且其分布范围一般比矿体分布范围广，因而是一种重要的找矿标志。

围岩蚀变可产生在沉淀之前、同时或之后，其结果使得围岩的化学成分、成分以及结构、构造等均遭受到不同程度的改变，甚至面目全非。

围岩蚀变的范围变化很大，有的在矿脉的两侧只有几厘米宽，有的围绕着矿体形成数十米宽的晕圈。许多蚀变晕圈呈现出矿物集合体的分带现象，这是由于热液在通过围岩时发生改变引起的。

决定蚀变围岩的类型和蚀变作用强度的因素有：①围岩的性质，包括围岩的化学成分、矿物成分、粒度、物理状态（如是否受力破碎）、渗透性等；②热液的性质，包括热液的化学成分、浓度、pH、温度和压力条件，以及它们在热液作用过程中的变化。

延伸阅读

能杀菌的银

银在生活应用广泛，它除了可以用来加工首饰和各种奢侈品以外，在工业中也是不可代替的原料，而且银还可以用来杀菌和验毒。

公元前300多年，希腊王国皇帝亚历山大带领军队东征时，受到热带痢疾的感染，大多数士兵得病死亡，东征被迫终止。但是，皇帝和军官们却很少染疾。这个谜直到现代才被解开。原来皇帝和军官们的餐具都是用银制造的，而士兵的餐具都是用锡制造的。银在水中能分解出极微量的银离子，这种银离子能吸附水中的微生物，使微生物赖以呼吸的酶失去作用，从而杀死微生物。银离子的杀菌能力十分惊人，十亿分之几毫克的银就能净化1千克水。

据说，蒙古族牧民常用银碗盛马奶，长久都不会变质。因为银具有极强的杀菌能力，3克银粉足以杀灭50吨水里的细菌，而人畜喝了完全无害。

相传古代皇宫贵族吃饭时定要用银筷，因为他们认为银遇毒会变黑，以此来验证饭菜有否下毒。其实，我国的许多传统菜，如松花蛋、臭豆腐中都含有少量的硫化氢气体，也能使银筷发黑，但无毒。

科学实验证明，一般人较熟悉的剧毒物，如砒霜、氰化物、农药、蛇毒等，都不与银直接发生化学反应，所以说，银没有验毒本领。但古代的砒霜确曾使银器发黑，那是由于古人的炼砒（三氧化二砷）技术不高，提得不纯，往往含硫，而银和硫或硫化氢接触，会生成黑色的硫化银。

汞与汞矿

汞是在常温下唯一呈液态的金属，又名称水银，银白色，密度13.546，熔点-38.87℃，沸点357℃。

汞由于有特异的物理化学性能，因此广泛用于化学、电气、仪表及军事工业等。此外，还用作原子核反应堆的冷却剂和防原子辐射材料，也用于提取有色金属，用混汞法提取金和从炼铅的烟尘中提取铊以及用于提取铝，在医药方面也有一定的用途。

汞的产品主要是汞和辰砂。我国汞矿以产汞为主。辰砂用于化工、医药等方面。由于辰砂色泽艳红、美丽，粒度大者称珠宝砂，因此含辰砂的叶蜡石俗称“鸡血石”。

汞在自然界分布广泛，不仅在地壳的各类岩石中有着广泛的分布，而且在地壳外部的水圈中、大气圈中、生物圈中也普遍存在，但与其他部分元素相比，其含量却是少量和微量的。

汞在自然界呈自然元素或Hg^{2+}的离子化合物存在，具有强烈的亲硫性和亲铜性。目前，已发现的汞矿物和含汞矿物约有20多种。其中，大部分是汞的硫化物，其次是少量的自然汞、硒化物、碲化物、硫盐、卤化物及氧化物等。

常见的矿物主要有：自然汞、辰砂、黑辰砂、灰硒汞矿、辉汞矿、碲汞矿、甘汞、氯汞矿、黄氯汞矿、橙红石、硫汞锑矿、汞黝铜矿、汞银矿。其中，作为工业矿物原料具有开采价值的主要是辰砂、黑辰砂。辰砂富矿石可直接入炉冶炼，但大多数汞矿床含汞量较低，矿石要用选矿方法富集成精矿才能冶炼。

世界汞矿资源量约70万吨，基础储量30万吨。拥有汞储量的主要国家及其基础储量有西班牙9万吨，意大利6.9万吨，中国8.14万吨，吉尔吉斯斯坦4.5万吨。世界汞矿床主要分布在特提斯—喜马拉雅构造带上。汞矿床主要类型为碳酸盐型，其次是碎屑岩型和岩浆岩型。其中碳酸盐型为最主要，占汞矿床的储量的90%。

世界汞矿床中超大型汞矿床主要有：

西班牙阿尔马登汞矿床：基础储量>5万吨，属特大型矿床；

意大利伊德里亚汞矿床，基础储量3万吨左右，属特大型矿床；

吉尔吉斯斯坦璟可伊汞矿床，基础储量2.5万吨左右，属特大型矿床；

哈伊达尔干（海达尔坎）基础储量2.09万吨，属特大型矿床。

我国是世界上发现和利用汞矿最早的国家，据考古资料，在仰韶文化层和龙山文化层里，均发现“涂朱”（砂）遗物，因此我国利用汞的历史，可以追溯至5000年前。从殷开始，丹砂被用作颜料；春秋战国以后，又在炼丹术和医药方面得到了应用，并开始用以提炼汞；有关汞同硫合成丹砂、汞同铅形成铅汞齐等记载，见于汉代魏伯阳《参同契》、晋代葛洪《抱朴子》等著作；宋代的《金华冲碧丹经秘旨》和明代的《天工开物》，均有记述了炼汞技术及其设备。我国对汞的开采利用，比国外利用汞矿最早的希腊人和罗马人还要早1000多年。

虽然我国发现和利用汞的历史比较早，但是由于各种原因，我国的汞工业直到新中国成立后才有了较大的发展。

我国的汞矿主要产于云南、贵州、湖南、广西和陕西。我国汞矿分布从大区来看，汞储量依次：西南区占全国汞储量的56.9%，居首位。其次是西北区占28.4%、中南区占14.4%，其他大区则很少，仅占0.3%。就各省区来看，贵州储量最多，占全国汞储量的38.3%，其次为陕西占19.8%、四川占

汞矿

15.9%、广东占6%、湖南占5.8%、青海占4.4%、甘肃占3.7%、云南占2.7%。以上8个省区合计储量占全国汞储量的96.6%，其中前3位的贵州、陕西、四川3省合计占74%。

我国汞矿资源有以下主要特点：

1.矿产地和储量分布高度集中。从全国已探明有储量的103个矿区来看，主要集中分布在贵州、陕西、四川。这3个省探明有储量的矿区合计55处，占全国汞矿区总数的53.4%；3省现保有汞储量合计6.02万吨，占全国汞总储量的74%。其次为广东、湖南、青海3省，探明有储量的矿区合计占21.4%，储量占16.3%。

2.储量组成，以单汞矿床的储量为主，与其他矿床共伴生的储量也有一定的比例。据统计共伴生汞储量约占全国保有汞储量的20%左右，主要共伴生在铅锌矿床、锑汞矿床中，有的汞储量已达到大型矿床规模。虽然共伴生汞矿储量可观，但由于选冶分离技术尚未解决，因此一些矿床对这部分汞矿资源也未能充分利用或综合回收。

3.贫矿多，富矿少。我国大中型汞矿床的汞品位0.1%～0.3%居多，部分介于0.3%～0.5%，大于0.5%～1%的品位较少，大于1%的品位仅是极个别的矿床。

4.矿石工业类虽多，但以单汞型为主。我国汞矿石工业类型有单汞、汞锑、汞金、汞硒、汞铀以及汞多金属等类型，其中以单汞型矿石为主，而且矿石易采易选易炼，工艺流程简单，因此作为主要开采对象，宜在坑口附近建设采—选或采—选—冶联合企业。

知识点

辰 砂

辰砂是硫化汞的天然矿石，但常夹杂雄黄、磷灰石、沥青质等。大红色，有金刚光泽至金属光泽，三方晶系。为粒状或块状集合体，呈颗粒状或块片状。鲜红色或暗红色，条痕红色至褐红色，具光泽。有平行的完全解理。断口呈半贝壳状或参差状。硬度2～2.5。密度8.09～8.2。体重，质脆，片状者易破碎，粉末状者有闪烁的光泽，无味。

延伸阅读

汞毒的危害与防护

汞能以液态金属、盐类或蒸气的形态进入人体内。汞金属及其盐类主要通过肠胃道，其次是通过皮肤或黏膜侵入人体内。汞蒸气主要通过呼吸道侵入人体。其中以汞蒸气最易侵入人体。混汞作业产生的汞蒸气及含汞废水具有无色、无臭、无味、无刺激性的特点，不易被人察觉，对人体的危害甚大，经吸收后侵入细胞而淤积于肾、肝、脑、肺及骨骸等组织中。人体内汞的排泄主要通过肾、肠、唾液腺及乳腺，其次是呼吸器官。

汞蒸气对人体可引起急性中毒或慢性中毒。大量吸入汞蒸气的急性中毒症状为头痛、呕吐、腹泻、咳嗽及吞咽疼痛，一两天后出现齿龈炎、口腔黏膜炎、喉头水肿及血色素降低等症状。汞中毒极严重者可出现急性腐蚀性肠胃炎、坏死性肾病及血液循环衰竭等危症。即使吸入少量汞蒸气或饮用含汞废水所污染的水可引起慢性汞中毒，其主要症状为腹泻、口腔黏膜经常溃疡、消化不良、眼睑颤动、舌头哆嗦、头痛、软弱无力、易怒、尿汞等。

我国规定烟气中允许排放的含汞量的极限浓度为0.01～0.02毫克/立方米，排放的工业废水中汞及其化合物的最高允许浓度为0.05毫克/升。

解决汞中毒的主要方法是预防。只要严格遵守混汞作业的安全技术操作规程，就可使汞蒸气及金属汞对人体的有害影响减至最小程度。多年来，我国黄金矿山采取了许多有效的预防汞中毒的措施，其中主要有：

加强安全生产教育，自觉遵守混汞操作规程。装汞容器应密封，严禁汞蒸发外逸。混汞操作时应穿戴防护用具，避免汞与皮肤直接接触。有汞场所严禁存放食物、禁止吸烟和进食。

混汞车间和炼金室应通风良好，汞膏的洗涤、压滤及蒸汞作业可在通风橱中进行。

混汞车间及炼金室的地面应坚实、光滑和有1%～3%的坡度，并用塑料、橡胶、沥青等不吸汞材料铺设，墙壁和顶棚宜涂刷油漆（因木材、混凝土是汞的良好吸附剂），并定期用热肥皂水或浓度为0.1%的高锰酸钾溶液刷洗墙壁和地面。

泼洒于地面上的汞应立即用吸液管或混汞银板进行收集，也可用引射式吸汞器加以回收。为了便于回收流散的汞，除地面应保持一定坡度外，墙和地面应做成圆角，墙应附有墙裙。

混汞操作人员的工作服应用光滑、吸汞能力差的绸和柞蚕丝料制作，工作服应常洗涤并存放于单独的通风房间内，干净衣服应与工作服分房存放。

必须在专门的隔离室中吸烟和进食。下班后用热水和肥皂洗澡，并更换全部衣服和鞋袜。

钨与钨矿

钨元素由瑞典化学家舍勒于1781年从当时称为重石的矿物（现称白钨矿）中发现的，并以瑞典文tung（重）和sten（石头）的复合词tungsten命名这种新元素。1783年西班牙人德卢亚尔兄弟从黑钨矿中制得氧化钨，并用碳还原为钨粉。

钨呈银白色，是熔点最高的金属，熔点高达3400℃，居所有金属之首，沸点5555℃，并具有高硬度、良好的高温强度和导电、传热性能，常温下化学性质稳定，耐腐蚀，不与盐酸或硫酸起作用。

钨属于难熔金属，其熔点高达3410℃±20℃，是熔点最高的金属，且具有高温强度和硬度在2000℃～2500℃高温下蒸气压仍很低。钨密度19.3克/立方厘米，为钢的2.5倍，与黄金相当。

钨的导电性能好，膨胀系数小，硬度大，弹性模数高，延展性好。钨的耐腐蚀性强，在室温下不与任何浓度的酸和碱起作用；在380℃～400℃时，三氧化钨开始被氢气还原；在630℃以上，氢气可将二氧化钨还原成金属钨粉。钨与炭及一些含炭气体，在高温下反应生成具有重要工业价值的坚硬、耐磨、难熔的碳化钨。

从1783年德卢亚尔兄弟首次用炭从黑钨矿中提取了金属钨至今有200余年的钨矿开发、冶炼、加工历史。

碳化钨基硬质合金用作切削工具、冲模具、钻井凿岩工具、轧辊、穿甲弹头和抗热耐磨件等；铸造碳化钨用于耐磨件的堆焊、涂层；碳化钨粒制造无齿锯条。钨以碳化钨形态的消费量，约占钨的总消费量的一半以上。

钨是钢的重要合金元素，能提高钢的强度、硬度和耐磨性。主要钨钢有高速工具钢，热作模具钢，系列工具、模具钢，军械钢，涡轮钢，磁钢等。

以钨为主要成分的特殊合金有：难熔合金用于燃气涡轮机叶片、火箭喷嘴，导弹、核反应堆部件等；高密度合金用作重型穿甲弹头，导航陀螺仪转子、平衡重块以及自动手表的制动器等；钨铜、钨银等合金是高压高频电触点材料；钨铼合金组成的热电偶可测量温度范围从室温到2835℃。

金属钨材包括丝、棒、带、管和薄片等，是重要的电光源材料，电子元件和高温材料，用于各种照明灯具、电子管、非自耗电极、金属喷镀和热元件等。钨的化合物可作石油化工工业催化剂，纺织、塑料工业阻燃剂、媒染剂、颜料，染料、荧光材料、装饰油漆、固体润滑剂等。

总之，钨以合金元素、碳化钨、金属材料或化合物形态用于钢铁、机械、矿山、石油、火箭、宇航、电子、核能、军工及轻工等工业中，是国民经济各部门及尖端技术不可缺少的重要材料。

钨矿石主要有4种工业类型：

1.矽卡岩白钨矿石，产于花岗岩侵入体与富钙质接触带；

2.石英脉状钨矿石，产于花岗岩体及变质岩体；

3.细脉浸染的黑白钨共生矿石，产于花岗岩、云英岩或斑岩体中；

4.层控与层状钨矿石，产于受地层层位与岩性控制的矿体，主要矿物有白钨矿、辉锑矿、自然金等。

钨矿石大多数为低品位矿，伴生多组分的硫化矿，如辉钼矿、黄铜矿、辉铋矿、方铅矿、闪锌矿、黄铁矿、毒砂，以及锡石、钽铌矿、绿柱石及稀散元素等。

钨矿物有30余种，但具有工业意义的钨矿物主要是白钨矿与黑钨矿两种，其次是钨钼钙矿及铜钨矿。黑钨矿按其氧化铁与氧化锰含量不同又分为钨铁矿、钨锰铁矿及钨锰矿。黑钨矿一般具微磁性至弱磁性，随其含铁量的增加，磁性增强。

世界钨资源主要集中在亚洲及太平洋沿岸国家。我国钨储量及产量占世界50%以上，均为世界首位。白钨矿储量大于黑钨矿，但目前矿山生产的主要为黑钨矿。其他主要产钨国家有前苏联、加拿大、韩国、玻利维亚等。这些国家的钨储量与生产量均以白钨矿为主。

从含钨矿石中分离与富集钨矿物的过程我们称之为钨矿石选矿。选矿产品为钨精矿与难选钨中矿。钨精矿送至冶炼厂提炼金属钨、碳化钨、钨合金及钨化合物，钨中矿则经化学处理生产合成白钨、仲钨酸铵、钨粉与碳化钨等。

钨矿选矿的主导方法是预选、重选、浮选与磁选等物理选矿方法；对难选中矿及低品位精矿使用化学选矿方法。钨矿石选矿根据矿物可选性的特点分为以重选为主的黑钨矿选矿流程和以浮选为主的白钨矿选矿流程。

黑钨矿选矿流程黑钨矿石具有采矿贫化率高、品位低、矿物嵌布粒度粗、密度大、硬度小、易泥化、颜色深等特点，选矿方法以重选为主。其工艺流程包括预选、分级重选、精选与综合回收以及细泥处理四部分。

黑钨矿

白钨矿选矿流程根据矿石粒度嵌布粗细采用单一浮选与重选—浮选两种工艺流程。细粒浸染的白钨矿石一般以单一浮选流程为主，粗粒嵌布的白钨矿石以重选—浮选联合流程为主。白钨矿常伴生有多种硫化矿，常见的有辉钼矿、黄铜矿与黄铁矿等。选矿过程中先浮选硫化矿，后浮选白钨矿。

我国钨矿资源丰富，著称世界我国钨矿不仅储量居世界第一，而且产量和出口量长期以来也居世界第一，因而被称誉为“世界三个第一”。

我国钨矿资源有以下特点：

1.储量十分丰富，分布高度集中

我国已累计探明钨储量达600多万吨，而且还有很大的找矿潜力，资源前景甚为可观。近20年来，在南岭成矿区、东秦岭成矿带、西秦岭—祁连山成矿带的钨和钨多金属成矿集中区里不断发现大型、超大型矿床。尤其是在南岭成矿区的湘南、赣南、粤北等生产矿山的深部及其外围又勘查了一些大型、特大型矿床、矿段和矿体。

储量和矿区分布高度集中，是我国钨矿资源一大特点。钨矿储量主要集中分布于湖南、江西、河南、福建、广西、广东6省区，合计占全国钨储量的83.4%（其中湖南、江西、河南3省占66.7%）。六省区的钨矿区占全国已探明有储量矿区的71.4%（其中湖南、江西、河南3省占47.2%，而且大型、超大型矿床主要分布在这3个省内）。

2.矿床类型较全，成矿作用多样

目前，除现代热泉沉积矿床和含钨卤水—蒸发岩矿床外，几乎世界上所有已知钨矿床成因类型在我国均有发现。按成矿温度，有汽化高温至低温的热液矿床；按成矿物质来源，有层源的层控钨矿床与来自岩源的岩控钨矿床以及多源复合矿床；按矿床产状形态类型，有各种形式的脉型，整合于沉积建造的层型，沿花岗岩体与碳酸盐质围岩接触带产出的不规则带型（矽卡岩），沿成矿花岗岩产状形态产出的细脉—浸染岩体型等矿床。

由于我国钨矿成矿作用多样又普遍交替出现，因而不仅形成复杂多样的矿床类型，而且常在同一矿田或矿床中，呈现多型矿床（矿体）共生的特点。此外，还有现代表生钨矿床（氧化淋滤型、冲积砂矿型）。

3.矿床伴生组分多，综合利用价值大

我国许多钨矿床伴共生有益组分多达30多种。主要有锡、钼、铋、铜、铅、锌、金、银等；其次为硫、铍、锂、铌、钽、稀土、镉、铟、镓、钪、铼、砷、萤石等。在采选冶过程中综合回收这些有益组分，不仅是合理开发利用好矿产资源，也是提高矿山开采经济效益的重要途径。

4.富矿少，贫矿多，品位低

在保有储量中，钨品位大于0.5%的仅占20%（主要是石英脉型黑钨矿）；而在白钨矿的工业储量中，品位大于0.5%的仅占2%左右。与国外相比，我国白钨矿质量处于劣势，而黑钨矿品位富、矿床大、易采易选处于优势。

知识点

碳化钨

碳化钨是一种由钨和碳组成的化合物，化学式为WC。碳化钨的硬度极高，摩氏硬度为8.5～9，且熔点达到2870℃，电阻亦低，常被用做切削刀具材料（可切削不锈钢）、制造高硬度装甲或穿甲弹弹芯，以及一些需要高硬度的运动器材零件，以及圆珠笔的笔尖圆珠等。

延伸阅读

我国的钨业发展

我国对世界钨业发展作出了举世瞩目的贡献。我国第一座钨矿于1907年发现于江西省大余县西华山，钨矿开采始于1915—1916年。此后在南岭地区相继发现不少钨矿区，生产不断扩大，至第一次世界大战末期，钨精矿产量达到万吨，跃居世界钨精矿产量首位，至今仍居世界第一位。

我国钨矿资源丰富。开发钨矿地质调查工作，由翁文灏先生创始于1916

年，尔后在河北、江西、广东、广西等省区分别做了一些探测工作。20世纪三四十年代，对赣、湘、粤、桂、滇等省区的一些钨矿床进行了较系统的地质调查，特别是对赣南地区的钨矿，先后有燕春台、查宗禄、周道隆、徐克勤、丁毅、张兆瑾、马振图等地质学家做了颇有成就的地质调查研究。其中，徐克勤、丁毅所著《江西南部钨矿地质志》，对赣南几十年钨矿床分别作了系统的论述，堪称我国第一部钨矿地质专著。这些地质前辈的工作成果，不仅为后来地质勘探工作奠定了基础，而且也为当时开采赣南钨矿提供了重要依据。

1935年江西省成立了资源委员会钨业管理处，统一价格，收购钨砂。1938年西华山建立矿场，投资经营东西大巷，进行坑采。抗战胜利后改为资源委员会第一特种矿产管理处西华山工程处。据不完全统计，西华山钨矿至新中国成立前，共采出钨砂近5万吨。1937年成立大吉山钨矿工程处，收回民企开凿第九中段，开始国营生产。

在20世纪30—40年代，不仅发现了大量黑钨矿，而且白钨矿也有陆续发现。资源委员会矿产测勘处金耀华、杨博泉于1943年对云南省文山县老君山地区进行矿产地质调查时，首次发现接触交代型白钨矿床（矽卡岩型白钨矿床），并著有《云南文山老君山白钨矿床之成因及其意义》论文。1947年徐克勤又在湖南省宜章瑶岗仙和尚滩发现了白钨矿床，并写专文报道。

新中国成立后，为振兴钨业，在20世纪50—60年代开展了前所未有的大规模钨矿地质普查和勘探工作。由原重工业部、冶金部、地质部所属地质勘探部门，迅速地对赣、湘、粤以及闽、桂、滇等省区的钨矿开展全面普查勘探工作，在第一个五年计划期间（1953—1957年），为赣南西华山、大吉山、岿美山、盘古山等“四大名山”黑钨矿床作为重点矿山建设项目以及在湘南、粤北、桂东北等地区的钨矿建设矿山，提供了可靠的地质成果，作为采选设计的依据。20世纪60—80年代，为保矿山、保建设和钨业持续发展，继续进行了大量地质勘查工作，在华南和西北甘肃等地又发现并探明了一批大型、超大型钨矿，为我国钨业可持续发展，准备了充足的矿产资源。

在大量地质勘探工作基础上，从20世纪50—70年代建成了原中央直属企业的矿山有20多座和一大批地方国营的中小型矿山，到20世纪80年代以来，国营钨矿山形成生产矿石总能力达870万吨，年产钨精矿4万～5万吨。

目前，我国已发现并探明有储量的矿区252处，累计探明储量637.5万吨。我国钨矿资源丰富，著称世界。我国钨矿不仅储量居世界第一，而且产量和出口量长期以来也居世界第一，因而被称誉为“世界三个第一”。

●钛与钛矿

1795年，德国化学家马丁·克拉普罗斯，借用希腊神话中大地女神之子“泰坦”的名字命名钛。由于钛强度大，重量较轻，抗腐蚀，既耐低温又耐高温，因而成了制造火箭、人造卫星、航天飞机、宇宙飞船理想的“空间金属”材料。

虽然，人们在很早的时候就发现了钛这种金属，但是钛真止得到利用，认识其本来的真面目，则是20世纪40年代以后的事情了。

地球表面10千米厚的地层中，含钛达6‰，比铜多61倍。随便从地下抓起一把泥土，其中都含有千分之几的钛，世界上储量超过1000万吨的钛矿并不希罕。

海滩上有成亿吨的砂石，钛和锆这两种比砂石重的矿物，就混杂在砂石中，经过海水千百万年昼夜不停地淘洗，把比较重的钛铁矿和锆英砂矿冲在一起，在漫长的海岸边，形成了一片一片的钛矿层和锆矿层。这种矿层是一种黑色的砂子，通常有几厘米到几十厘米厚。

1947年，人们才开始在工厂里冶炼钛。当年，产量只有2吨。1955年产量激增到2万吨。1972年，年产量达到了20万吨。钛的硬度与钢铁差不多，而它的重量几乎只有同体积的钢铁的一半，钛虽然稍稍比铝重一点，它的硬度却比铝大2倍。现在，在宇宙火箭和导弹中，就大量用钛代替钢铁。据统计，目前世界上每年用于宇宙航行的钛，已达1000吨以上。极细的钛粉，还是火箭的好燃料，所以钛被誉为宇宙金属，空间金属。

钛的耐热性很好，熔点高达1725℃。在常温下，钛可以安然无恙地躺在各种强酸强碱的溶液中。就连最凶猛的酸——王水，也不能腐蚀它。钛不怕海水，有人曾把一块钛沉到海底，5年以后取上来一看，上面粘了许多小动物与海底植物，却一点也没有生锈，依旧亮闪闪的。

现在，人们开始用钛来制造潜艇——钛潜艇。由于钛非常结实，能承受很高的压力，这种潜艇可以在深达4500米的深海中航行。

钛耐腐蚀，所以在化学工业上常常要用到它。过去，化学反应器中装热硝酸的部件都用不锈钢。不锈钢也怕那强烈的腐蚀剂——热硝酸，每隔半年，这种部件就要统统换掉。现在，用钛来制造这些部件，虽然成本比不锈钢部件贵一些，但是它可以连续不断地使用5年，计算起来反而合算得多。

钛的最大缺点是难于提炼。主要是因为钛在高温下化合能力极强，可以与氧、碳、氮以及其他许多元素化合。因此，不论在冶炼或者铸造的时候，人们都小心地防止这些元素“侵袭”钛。在冶炼钛的时候，空气与水当然是

钛潜艇

严格禁止接近的，甚至连冶金上常用的氧化铝坩埚也禁止使用，因为钛会从氧化铝里夺取氧。现在，人们利用镁与四氯化钛在惰性气体——氦气或氩气中相互作用，来提炼钛。

人们利用钛在高温下化合能力极强的特点，在炼钢的时候，氮很容易溶解在钢水里，当钢锭冷却的时候，钢锭中就形成气泡，影响钢的质量。所以炼钢工人往钢水里加进金属钛，使它与氮化合，变成炉渣——氮化钛，浮在钢水表面，这样钢锭就比较纯净了。

当超音速飞机飞行时，它的机翼的温度可以达到500℃。如用比较耐热的铝合金制造机翼，一到二三百摄氏度也会吃不消，必须有一种又轻、又韧、又耐高温的材料来代替铝合金，乙钛恰好能够满足这些要求。钛还能经得住低于-100℃的考验，在这种低温下，钛仍旧有很好的韧性而不发脆。

利用钛和锆对空气的强大吸收力，可以除去空气，造成真空。比方，利用钛制成的真空泵，可以把空气抽到只剩下十万亿分之一。

四氯化钛是种有趣的液体，它有股刺鼻的气味，在湿空气中便会大冒白烟——它水解了，变成白色的二氧化钛的水凝胶。在军事上，人们便利用四氯化钛的这股怪脾气，作为人造烟雾剂。特别是在海洋上，水汽多，一放四氯化钛，浓烟就像一道白色的长城，挡住了敌人的视线。在农业上，人们利用四氟化钛来防霜。

钛酸钡晶体有这样的特性：当它受压力而改变形状的时候，会产生电流，一通电又会改变形状。于是，人们把钛酸钡放在超声波中，它受压便产生电流，由它所产生的电流的大小可以测知超声波的强弱。相反，用高频电流通过它，则可以产生超声波。现在，几乎所有的超声波仪器中，都要用到钛酸钡。

除此之外，钛酸钡还有许多用途。例如：铁路工人把它放在铁轨下面，来测量火车通过时候的压力；医生用它制成脉搏记录器。用钛酸钡做的水底探测器，是锐利的水下眼睛，它不只能够看到鱼群，而且还可以看到水底下的暗礁、冰山和敌人的潜水艇等。

冶炼钛时，要经过复杂的步骤。把钛铁矿变成四氯化钛，再放到密封的不锈钢罐中，充以氩气，使它们与金属镁反应，就得到“海绵钛”。这种多孔的“海绵钛”是不能直接使用的，还必须把它们在电炉中熔化成液体，才能铸成钛锭。但制造这种电炉又谈何容易！除了电炉的空气必须抽干净外，更伤脑筋的是，简直找不到盛装液态钛的坩埚，因为一般耐火材料都含有氧化物，而其中的氧就会被液态钛夺走。

后来，人们终于发明了一种“水冷铜坩埚”的电炉。这种电炉只有中央一部分区域很热，其余部分都是冷的，钛在电炉中熔化后，流到用水冷却的铜坩埚壁上，马上凝成钛锭。用这种方法已经能够生产几吨重的钛块，但它的成本就可想而知了。

钛在地球上储量十分丰富，在地壳中含钛矿物有140多种，但现具有开采价值的仅10余种。已开采的钛矿物矿床可分为岩矿床和砂矿床两大类，岩矿床为火成岩矿，具有矿床集中、贮量大的特点，氧化铁含量高，脉石含量多，结构致密，且多是共生矿，这类矿床的主要矿物有钛铁矿、钛磁铁矿等，矿石选矿分离较为困难，产出的钛精矿含量一般不超过50%。

砂钛矿床是次生矿床，由岩矿床经风化剥离再经水流冲刷富集而成，主要集中在海岸、河滩、稻田等地，矿物有金红石、砂状钛铁矿、板钛矿、白钛矿等，该矿物的特点是：三氧化二铁含量较高、结构疏松、杂质易分离，选出的大部分精矿含二氧化钛达50%以上。

国内外钛矿资源概念不尽相同。但就整个地壳而言，其产出形态和数量现在已经或潜在可能成为有经济开采价值的开采对象都列为矿产资源。从该前提出发，世界上共有已探明的钛资源24.84亿吨，其中具有经济利用价值的储量13.82亿吨，占总资源量的55%。

国外有23个国家拥有经济的探明储量75200万吨，总资源量15.20亿吨。钛的资源量最多的几个国家是：

南非：3.75亿吨

加拿大：0.98亿吨

挪威：0.74亿吨

印度：0.57亿吨

独联体：0.50亿吨

澳大利亚：0.38亿吨

美国：0.31亿吨

我国有21个省、市、自治区探明有钛铁矿资源。主要产区为四川、海南、河北、云南、广东、广西、湖北等。总储量9.65亿吨，表内储量6.3亿吨。其中钛铁矿占99%，1%。钛铁矿中岩矿占93.7%，砂矿占6.3%；金红石矿中岩矿占98%，砂矿占21%。

拥有钛资源较多的几个省是四川（攀西地区）8.7亿吨，占全国的90.54%；海南0.26亿吨，占全国的2.7%；河北0.20亿吨，占全国的2.7%；云南0.11亿吨，占全国的1.19%；广东占全国的1.76%；湖北占0.59%，广西占0.37%。

知识点

珐　琅

珐琅，又称“佛郎”、“法蓝”，其实又称景泰蓝,是一外来语的音译词。

珐琅一词源于中国隋唐时古西域地名拂菻。当时东罗马帝国和西亚地中海沿岸诸地制造的搪瓷嵌釉工艺品称拂菻嵌或佛郎嵌、佛朗机，简化为拂菻。出现景泰蓝后转音为发蓝，后又为珐琅。1918—1956年,珐琅与搪瓷同义合用。

1956年中国制定搪瓷制品标准，珐琅改定为珐琅，作为艺术搪瓷的同义词。

延伸阅读

世界上最白的物质

钛的氧化物——二氧化钛，是雪白的粉末，俗称钛白。以前，人们开采钛矿，主要目的便是为了获得二氧化钛。钛白的黏附力强，不易起化学变化，永远是雪白的。

二氧化钛是世界上最白的物质，1克二氧化钛可以把450多平方厘米的面积涂得雪白。它比常用的白颜料锌钡白还要白5倍，因此是调制白油漆的最好颜料。

世界上用作颜料的二氧化钛，一年多到几十万吨。二氧化钛可以加在纸里，使纸变白并且不透明，效果比其他物质大10倍，因此，钞票纸和美术品用纸就要加二氧化钛。

此外，为了使塑料的颜色变浅，使人造丝光泽柔和，有时也要添加二氧化钛。在橡胶工业上，二氧化钛还被用作为白色橡胶的填料。

特别可贵的是钛白无毒。它的熔点很高，被用来制造耐火玻璃，釉料，珐琅、陶土、耐高温的实验器皿等。

锰与锰矿

锰是元素周期表中第四周期的第七族元素。在空气中非常容易氧化。在加热条件下，粉状的锰与氯、溴、磷、硫、硅及碳元素都可以化合。锰在地球岩石圈中以及硅酸盐相的陨石中表现有强烈的亲石性质，但在岩石圈上部则有强烈的亲氧性质，锰与铁在岩石圈中以及陨石中虽有许多相似的化学性质，但锰并不亲铁。

锰元素是较为活泼的金属，在自然界中主要形成各种复杂的化合物的矿物，迄今为止在自然界中尚未发现单质形式存在的自然元素。

在自然界中已知的含锰矿物约有150多种，分别属氧化物类、碳酸盐类、硅酸盐类、硫化物类、硼酸盐类、钨酸盐类、磷酸盐类等。

1.氧化物和氢氧化物的矿物：赖锰矿、隐钾锰矿、硬锰矿、水锰矿、羟锰矿、软锰矿、偏锰酸矿、褐锰矿、黑锰矿、方锰矿；

2.碳酸盐类矿物：菱锰矿；钙菱锰矿、锰方解石、锰菱铁矿；

3.硅酸盐矿物：水锰辉石、蔷薇辉石、锰铝榴石、钙蔷薇辉石、锰橄榄石、锰石榴石等；

4.硫化物类：硫锰矿、褐硫锰矿；

5.硼酸盐类：锰方硼石。

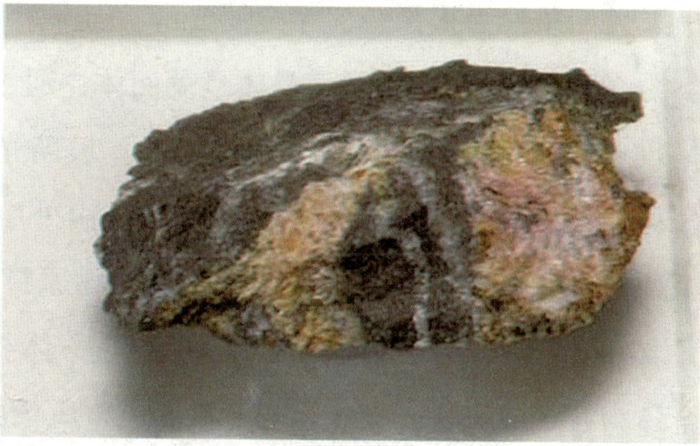

锰方硼石

主要锰矿物有：

1.软锰矿：四方晶系，晶体呈细柱状或针状，通常呈块状、粉末状集合体。颜色和条痕均为黑色。光泽和硬度视其结晶粗细和形态而异，结晶好者呈半金属光泽，硬度较高，而隐晶质块体和粉末状者，光泽暗淡，硬度低，极易污手。软锰矿主要由沉积作用形成，为沉积锰矿的主要成分之一。在锰矿床的氧化带部分，所有原生低价锰矿物也可氧化成软锰矿。软锰矿在锰矿石中是很常见的矿物，是炼锰的重要矿物原料。

2.硬锰矿：单斜晶系，晶体少见，通常呈钟乳状、肾状和葡萄状集合体，亦有呈致密块状和树枝状。颜色和条痕均为黑色。半金属光泽。硬锰矿主要是外生成因，见于锰矿床的氧化带和沉积锰矿床中，亦是锰矿石中很常见的锰矿物，是炼锰的重要矿物原料。

3.水锰矿：单斜晶系，晶体呈柱状，柱面具纵纹。在某些含锰热液矿脉的晶洞中常呈晶簇产出，在沉积锰矿床中多呈隐晶块体，或呈鲕状、钟乳状集合体等。矿物颜色为黑色，条痕呈褐色。半金属光泽。水锰矿既见于内生成因的某些热液矿床，也见于外生成因的沉积锰矿床，是炼锰的矿物原料之一。

4.黑锰矿：四方晶系，晶体呈四方双锥，通常为粒状集合体。颜色为黑色，条痕呈棕橙或红褐。半金属光泽。黑锰矿由内生作用或变质作用而形成，见于某些接触交代矿床、热液矿床和沉积变质锰矿床中，与褐锰矿等共生，亦是炼锰的矿物原料之一。

5.褐锰矿：四方晶系，晶体呈双锥状，也呈粒状和块状集合体产出。矿物呈黑色，条痕为褐黑色。半金属光泽。其他特征与黑锰矿相同。

6.菱锰矿：三方晶系，晶体呈菱面体，通常为粒状、块状或结核状。矿物呈玫瑰色，容易氧化而转变成褐黑色。玻璃光泽。由内生作用形成的菱锰矿多见于某些热液矿床和接触交代矿床；由外生作用形成的菱锰矿大量分布于沉积锰矿床中。菱锰矿是炼锰的重要矿物原料。

7.硫锰矿：等轴晶系，常见单形有立方体、八面体、菱形十二面体等，集合体为粒状或块状。颜色钢灰至铁黑色，风化后变为褐色，条痕呈暗绿色。半金属光泽。硫锰矿大量出现在沉积变质锰矿床中，是炼锰的矿物原料之一。

世界陆地锰矿资源比较丰富，但分布很不均匀，锰矿资源主要分布在南非、乌克兰、加蓬、澳大利亚、印度、中国、巴西和墨西哥等国家。南非和乌克兰是世界上锰矿资源最丰富的两个国家，南非锰矿资源约占世界锰矿资源的77%，乌克兰占10%。2006年世界陆地锰矿石储量和储量基础分别为4.4亿吨和52.0亿吨。

世界锰矿储量和储量基础（2006年）

国家或地区	储　量（万吨）	储量基础（万吨）
南非	3200	400000
印度	9300	16000
乌克兰	14000	52000
巴西	2500	5100
加蓬	2000	16000
墨西哥	400	900
中国	4000	10000
澳大利亚	7300	16000
世界总计	44000	520000

世界陆地锰矿储量在1亿吨以上的超大型锰矿产地有8处，分别是：南非的卡拉哈里、波斯特马斯堡，乌克兰的大托克马克、尼科波尔，加蓬的莫安

达，加纳的恩苏塔，澳大利亚的格鲁特岛，格鲁吉亚的恰图拉。

国外锰矿石品位一般都比较高，尤其是南非卡拉哈里矿区的锰矿石品位达30%～50%，澳大利亚的格鲁特岛矿区的锰矿石品位更高达40%～50%。

与国外锰矿资源相比，我国锰矿床规模以中、小型为主，矿石品位也比较低，平均含锰20%～30%，开发利用条件处于劣势。

我国现已查明的213个锰矿区、分布于全国21个省、市、自治区，其中以广西和湖南最为重要。

我国锰矿储量比较集中的地区有8个：

1.桂西南地区：该区包括大新、靖西、天等、德保、扶绥等县，占全国总储量的31.3%。

2.湘、黔、川三角地区：该区包括湖南花垣、贵州松桃、四川秀山等区。占全国总储量的13. 7 %。

3.贵州遵义地区：该区包括遵义市和遵义县。

4.辽宁朝阳地区：该区保有锰矿储量近0.40亿吨。

5.滇东南地区：该区包括砚山、文山、建水、石屏、蒙自、开远和个旧等县（市）。

6.湘中地区该区：包括宁乡、益阳、湘潭、湘乡、邵阳、邵东、新邵、桃江、涟源县（市）。

7.湖南永州—道县地区该区主要有永州东湘桥和道县后江桥两个锰矿。

8.陕西汉中—大巴山地区：该区包括陕西的汉中、西乡、紫阳、宁强、镇巴和四川的城口等县（市）。

以上8个地区合计保有锰矿储量占全国总保有储量的82%，是我国当前和今后锰矿业的重要原料基地。

1982年地质矿产部和冶金工业部联合颁发的“锰矿地质普查勘探规范（试行）”中，把我国锰矿划分为4个类型：海相沉积类型锰矿床、沉积变质类型锰矿床、层控铅锌铁锰矿床和风化类型锰矿床。

1.海相沉积类型锰矿床

按含矿岩系及锰矿层的特征，将此类锰矿分为5个亚类：

（1）产于硅质岩、泥质灰岩和硅质灰岩中的碳酸锰矿床；

（2）产于黑色页岩中的碳酸锰矿床；

（3）产于细碎屑岩中的氧化锰、碳酸锰矿床；

（4）产于白云岩、白云质灰岩中的氧化锰、碳酸锰矿床；

（5）产于火山沉积岩系中的氧化锰、碳酸锰矿床。

2.沉积变质类型锰矿床

根据矿物成分等可分为两个亚类：

（1）产于热变质或区域变质岩系中的氧化锰矿床；

（2）产于热变质或区域变质岩系中的硫锰矿、碳酸锰矿床。

3.层控铅锌铁锰类型锰矿床

4.风化类型锰矿床

按照矿床的地质特征，这类锰矿床可以分为4个亚类：

（1）沉积含锰岩层的锰帽型矿床；

（2）热液或层控锰矿形成的锰帽型矿床；

（3）淋滤（积）锰矿床；

（4）堆积锰矿床。

另外，世界海底锰结核及钴结壳资源也非常丰富，是锰矿重要的潜在资源。锰结核是沉淀在大洋底的一种矿石，它表面呈黑色或棕褐色，形状如球状或块状，它含有30多种金属元素，其中最有商业开发价值的是锰、铜、钴、镍等。

锰结核中各种金属成分的含量大致可以分为有经济价值成分和其他成分。有经济价值的成分有：锰27%～30%、镍1.25%～1.5%、铜1%～1.4%及钴0.2%～0.25%。其他成分有：铁6%、硅5%及铝3%，亦有少量钙、钠、镁、钾、钛及钡，连带有氢及氧。

这些锰结核广泛地分布于世界海洋2000～6000米水深海底的表层，而以生成于4000～6000米水深海底的品质最佳。锰结核总储量估计在3万亿吨以上。其中以北太平洋分布面积最广，储量占一半以上，约为1.7万亿吨。锰结核密集的地方，每平方米面积上就有100多千克，简直是一个挨一个铺满海底。

仅就太平洋底的储量而论，这种锰结核中含锰4000亿吨、镍164亿吨、铜88亿吨、钴98亿吨，其金属资源相当于陆地上总储量的几百倍甚至上千倍。如果按照目前世界金属消耗水平计算，铜可供应600年，镍可供应1.5万年，锰可供应2.4万年，钴可满足人类13万年的需要，这是一笔多么巨大的财富啊！而且这种结核增长很快，每年以1000万吨的速度在不断堆积，因此，锰结核将成为一种人类取之不尽的“自生矿物”。

锰结核是怎样形成的呢？

科学家估计，地球已有50亿年的历史，在这过程中，它在不断地变动。通过地壳中岩浆和热液的活动，以及地壳表面剥蚀搬运和沉积作用，形成了多种矿床。雨水的冲蚀使地面上溶解一部分矿物质流入了海内。在海水中锰和铁本来是处于饱和状态的，由于这种河流夹带作用，使这两种元素含量不断增加，引起了过饱和沉淀，最初是以胶体态的含水氧化物沉淀出来。在沉淀过程中，又多方吸附铜、钴等物质并欲岩石碎屑、海洋生物遗骨等形成结核体，沉到海底后又随着底流一起滚动，像滚雪球一样，越滚越大，越滚越多，形成了大小不等的锰结核。

知识点

亲氧性

亲氧性，是指化学元素中的一些非金属和金属元素之间亲和力较强，形成氧化物要比形成其他元素的化合物更容易，一旦形成，也更加稳定。

亲氧元素相当亲和别的元素的更多。

比如锰元素和氟元素结合时，最高的稳定态只能是+3价，MnF_3、MnF_4都不稳定，分解产生F_2。但是Mn的氧化物却存在较稳定的Mn_2O_7，高达+7价。这不能说明氟不如氧的非金属性强，只是因为Mn亲氧大于亲氟。

延伸阅读

锰结核的开发

锰结核深藏在海底，人类是怎样发现并利用它的呢？1873年2月18日，正在做全球海洋考察的英国调查船“挑战者”号，在非洲西北加那利群岛的外洋，从海底采上来一些土豆大小深褐色的物体。经初步化验分析，这种沉甸甸的团块是由锰、铁、镍、铜、钴等多金属的化合物组成的，而其中以氧化锰为最多。剖开来看，发现这种团块是以岩石碎屑，动、植物残骸的细小颗粒，鲨鱼牙齿等为核心，呈同心圆一层一层长成的，像一块切开的葱头。由此，这种团块被命名为“锰结核”。

20世纪初，美国海洋调查船“信天翁”号在太平洋东部的许多地方采到了锰结核，并且得出初步的估计报告说：太平洋底存在锰结核的地方，其面积比美国都大。尽管如此，在那时也没有引起人们多大的重视。

1959年，长期从事锰结核研究的美国科学家约翰·梅罗发表了他的关于锰结核商业性开发可行性的研究报告，引起许多国家政府和冶金企业的重视。此后，对于锰结核资源的调查、勘探大规模展开。开采、冶炼技术的研究、试验也迅速推进。在这方面投资多、成绩显著的国家有美国、英国、法国、德国、日本、俄罗斯、印度及中国等。到20世纪80年代，全世界有100多家从事锰结核勘探开发的公司，并且成立了8个跨国集团公司。

研究试验的锰结核开采方法有许多种。比较成功的方法有链斗法、水力升举法和空气升举法等几种。链斗式采取掘机械就像旧式农用水车那样，利用绞车带动挂有许多戽斗的绳链不断地把海底锰结核采到工作船上来。

水力升举式海底采矿机械，是通过输矿管道，利用水力把锰结核连泥带水地从海底吸上来。空气升举法同水力升举原理一样，只是直接用高压空气连泥带水地把锰结核吸到采矿工作船上来。

20世纪80年代，美国、日本、德国等国矿产企业组成的跨国公司，使用这些机械，取得日产锰结核300～500吨的开采成绩。在冶炼技术方面，美、法、德等国也都建成了日处理锰结核80吨以上的试验工厂。总之，锰结核的开采、冶炼，在技术上已不成问题，一旦经济上有利，便可形成新的产业，进入规模生产。

我国从20世纪70年代中期开始进行大洋锰结核调查。1978年，“向阳红05号”海洋调查船在太平洋4000米水深海底首次捞获锰结核。此后，从事大洋锰结核勘探的中国海洋调查船还有“向阳红16号”、“向阳红09号”、“海洋04号”、“大洋一号”等。依据1982年《联合国海洋法公约》，中国继印度、法国、日本、俄罗斯之后，成为第5个注册登记的大洋锰结核采矿“先驱投资者”。

铅与铅矿

铅是人类从铅锌矿石中提炼出来的较早的金属之一。它是最软的重金属，也是密度大的金属之一，具蓝灰色，硬度1.5，密度11.34，熔点327.4℃，沸点1750℃，展性良好。

铅的用途非常广泛。目前最大的用处是制成铅蓄电池，汽车、飞机、拖拉机、火车、电车、坦克，还有照明光源，都使用铅蓄电池。在颜料和油漆中，铅白是一种普遍使用的白色染料。在玻璃中加上铅制成的铅玻璃，有很好的光学性能，可以制造各种光学仪器。

铅的另一项重要本领是可以挡住X射线的照射，所以原子弹发射场以及核动力发电站，都有用铅建造的防护设施。医院里照X线透视的医生，穿着就是带铅的防护衣。

由于铅的密度大，在军事和狩猎上具有特殊作用。为了防止风改变子弹飞行的方向，人们用铅作成子弹。狩猎用的铅弹含铅量高达95%。铅球是一种体育用品，平常锻炼时用的铅球，有的是铁制的，也有的是铜制的，而正式比赛中使用的铅球，主要成分则是铅。

尽管现在已发现有250多种铅锌矿物，但可供目前工业利用的仅有17种。其中，铅工业矿物有11种，锌工业矿物有6种，以方铅矿、闪锌矿最为重要。

矿石工业类型，以矿石自然类型为基础，按矿石氧化程度可分为硫化矿石（铅或锌氧化率＜10%）、氧化矿石（铅或锌氧化率＞30%）、混合矿石（铅或锌氧化率10%～30%）；按矿石中主要有用组分可分为：铅矿石、锌矿石、铅锌矿石、铅锌铜矿石、铅锌硫矿石、铅锌铜硫矿石、铅锡矿石、铅锑矿石、锌铜矿石等；按矿石结构构造，可分为：浸染状矿石、致密块状矿石、角砾状矿石、条带状矿石、细脉浸染状矿石等。

2003年，世界已查明的铅资源量为15亿多吨，铅储量为6700万吨。储量基础较多的国家有澳大利亚、中国、美国和加拿大，合计占世界铅储量基础的60%以上。其他储量基础较多的国家还有秘鲁、哈萨克斯坦、墨西哥、摩

铅蓄电池

洛哥、瑞典和南非等。

世界勘查和开采铅锌矿的主要类型有：喷气沉积型、密西西比河谷型、砂页岩型、黄铁矿型、矽卡岩型、热液交代型和脉型等，其中以前4类为主，它们占世界总储量的85%以上，尤其是喷气沉积型，不仅储量大，而且品位高，世界各国均很重视。

铅的矿物成分可分成两大类：硫化铅矿和氧化铅矿。

硫化铅矿的主要成分是方铅矿，属原生矿，大部分铅都是从硫化铅矿炼出的。硫化铅矿大多与闪锌矿、辉银矿、黄铁矿、黄铜矿、硫砷铁矿和其他硫化矿物等共生，还含有石灰石、石英、重晶石等脉石。

氧化铅矿中的主要成分是白铅矿及铅矾。这两种矿属于再生矿物，是原生矿受风化作用及含有碳酸盐的地下水的影响逐渐形成的，白铅矿和铅矾都含有氧，统称氧化铅矿。氧化铅矿通常在铅矿床上层，硫化铅矿在下层，铅在氧化铅矿中的储量比在硫化铅矿中少很多。

铅原矿一般含有锌、铜等元素，而含铅却很低，一般含铅1%～5%，含锌1%～10%，含硫10%～30%，不能直接作为铅冶炼的原料，必须通过选矿提高铅的品位，分离出其他元素。

铅矿一般用钻或爆破的手段被开采。矿石被开采后被磨碎，然后于水和其他化学药品混合。在这个混合液的容器中有气泡上升，含铅的矿物随气泡上升到表面形成一层泡沫。这层泡沫可以被收集。这个过程可以多次进行，其结果含50%的铅。收集后的泡沫被烤干熔化后得到含97%的铅。这个熔液被慢慢冷却，杂质比较轻上升到表面可以被移去。剩下的铅被再次熔化。冷空气被吹入熔液，更多的杂质上升被移除后得到99.9%的铅。

目前世界上有40多个国家从事铅的开采工作，2004年铅矿山产量为314.40万吨，全世界矿山铅的生产大国有澳大利亚、中国、美国、秘鲁、墨西哥等年产量均在10万吨以上。

前苏联在解体前一直排名世界铅矿产量第一位，然而，前苏联的解体所带来的经济、社会问题一直影响着俄罗斯和其他独联体国家，致使前苏联的世界排名下滑。哈萨克斯坦是前苏联最重要的铅生产国，但是，它的铅产量由1991年的14.4万吨下降到2004年的3.30万吨。

20世纪80年代末和90年代末，澳大利亚是主要的铅矿石生产国。1997年末，由于坎宁顿矿山投入生产，澳大利亚的采矿能力增加到63.3万吨，接近全球总产量的1/5。不过，从长远趋势看，由于布罗肯希尔、伦纳德谢尔弗以及罗斯伯里矿山资源已近枯竭，澳大利亚的矿石产量将趋于减少。

多年来美国铅矿山产量一直居世界前列。20世纪90年代初，美国排名居世界第二位，从1994年我国铅矿山产量猛增超过美国后至今一直居世界第三位。

加拿大的矿石产量在过去的近20年里急剧下跌，1994年矿山产量为17.09万吨，2004年则减少到7.67万吨，

降幅达55.1%。近10年铅矿山产量下滑幅度较大的国家还有墨西哥、瑞典、南非、摩洛哥、哈萨克斯坦、朝鲜等国。

目前世界上有60多个国家生产精炼铅，其中许多国家生产的精炼铅为再生铅。世界精炼铅生产大国主要有美国、中国、德国、英国、墨西哥、日本、澳大利亚、加拿大及韩国等，年产量均在20万吨以上。

近些年来，我国的精炼铅产量迅速增加，从2002年开始超过美国成为世界第一大精炼铅生产国。2004年精炼铅产量进一步增加到181.19万吨，占当年世界精炼铅产量的25.0%。2010年我国铅精矿产量则为185.1万吨。

铅的最大消费领域为铅酸蓄电池，主要应用于汽车工业，其消费量占主要铅消费国消费量的一半以上，美国约占90%，日本约占80%。此外，铅还用于弹药、铅管、铅片、合金、电缆包皮以及颜料、化工制品等。由于铅会对环境造成严重污染，因此铅在许多行业的使用被限制，替代品也逐渐增多。

知识点

铅酸蓄电池

蓄电池是1859年由普兰特发明的，至今已有150多年的历史。铅酸蓄电池自发明后，在化学电源中一直占有绝对优势。这是因为其价格低廉、原材料易于获得，使用上有充分的可靠性，适用于大电流放电及广泛的环境温度范围等优点。

到20世纪初，铅酸蓄电池历经了许多重大的改进，提高了能量密度、循环寿命、高倍率放电等性能。然而，开口式铅酸蓄电池有两个主要缺点：①充电末期水会分解为氢，氧气体析出，需经常加酸、加水，维护工作繁重；②气体溢出时携带酸雾，腐蚀周围设备，并污染环境，限制了电池的应用。

近20年来，为了解决以上的两个问题，世界各国竞相开发密封铅酸蓄电池，希望实现电池的密封，获得干净的绿色能源。

延伸阅读

我国的铅锌矿开采历史

中华民族的祖先对铅锌矿的开采、冶炼和利用曾做出过重要贡献。

商代（前16—前11世纪）中期在青铜器铸造中已用铅，西周（前11—前771年）的铅戈含铅达99.75%。在古代，铅往往被加入铜中成为合金化金属，还用来制作铅白、铅丹等。

古代炼铅的原料有两类，一类是氧化铅，以白铅矿为主，另一类是硫化矿，以方铅矿为主。明代陆容在《菽园杂记》中有叙述含银硫化铅矿的冶炼方法。宋应星在《天工开物》中提到当时开采的3种铅锌矿物，一种是“银矿铅”，系指与辉银矿等共生的方铅矿；另一种是“铜山铅”，系指含方铅矿、闪锌矿、黄铜矿等的多金属矿；还一种是“草节铅”，可能是指结晶粗大的方铅矿。

由于铅矿中多含有银，古代为了提取白银，因此大量开采并冶炼铅。

我国古代不仅对铅锌的冶炼和利用有重要创举，而且很早就认识了铅锌矿的产出分带性。在《管子·地数篇》中就记载“上有陵石者，下有铅锡赤铜”，

“上有铅者，其下有银”。当代许多铅锌矿床的勘查有不少的矿区都是通过古矿硐和冶炼炉渣遗址等发现的。

近百年来，在旧中国时期铅锌业基础薄弱，只有几个规模小的矿山和工厂，采矿、选矿、冶炼基本上土法生产，最高年产量，铅8900吨、锌7100吨。

新中国成立后，铅锌业发展很快。经过多年的大规模地质勘查，探明了丰富的铅锌矿产资源，建设了一大批国营大中型铅锌矿山和冶炼厂，形成了较大的采选冶生产能力，产量居于世界前列。现在不仅满足国内需求，而且还出口铅锌产品，成为世界铅锌生产大国之一。

宝贵的稀土矿产

稀土就是化学元素周期表中镧系元素——镧（La）、铈（Ce）、镨（Pr）、钕（Nd）、钷（Pm）、钐（Sm）、铕（Eu）、钆（Gd）、铽（Tb）、镝（Dy）、钬（Ho）、铒（Er）、铥（Tm）、镱（Yb）、镥（Lu），以及与镧系的15个元素密切相关的两个元素——钪（Sc）和钇（Y）共17种元素，称为稀土元素。

稀土元素最初是从瑞典产的比较稀少的矿物中发现的，“土”是按当时的习惯，称不溶于水的物质，故称稀土。

根据稀土元素原子电子层结构和物理化学性质，以及它们在矿物中共生情况和不同的离子半径可产生不同性质的特征，17种稀土元素通常分为两组。

轻稀土（又称铈组）包括：镧、铈、镨、钕、钷、钐、铕、钆。

重稀土（又称钇组）包括：铽、镝、钬、铒、铥、镱、镥、钪、钇。

稀土元素是典型的金属元素。它们的金属活泼性仅次于碱金属和碱土金属元素，而比其他金属元素活泼。在17个稀土元素当中，按金属的活泼次序排列，由钪、钇、镧递增，由镧到镥递减，即镧元素最活泼。稀土元素能形成化学稳定的氧化物、卤化物、硫化物。稀土元素可以和氮、氢、碳、磷发生反应，易溶于盐酸、硫酸和硝酸中。

稀土易和氧、硫、铅等元素化合生成熔点高的化合物，因此在钢水中加入稀土，可以起到净化钢的效果。由于稀土元素的金属原子半径比铁的原子半径大，很容易填补在其晶粒及缺陷中，并生成能阻碍晶粒继续生长的膜，从而使晶粒细化而提高钢的性能。

稀土离子与羟基、偶氮基或磺酸基等形成结合物，使稀土广泛用于印染行业。而某些稀土元素具有中子俘获截面积大的特性，如钐、铕、钆、镝和铒，可用作原子能反应堆的控制材料和减速剂。而铈、钇的中子俘获截面积小，则可作为反应堆燃料的稀释剂。

稀土具有类似微量元素的性质，可以促进农作物的种子萌发，促进根系生长，促进植物的光合作用。

稀土元素在地壳中主要以矿物形式存在，其赋存状态主要有3种：

1.作为矿物的基本组成元素，稀土以离子化合物形式赋存于矿物晶格中，构成矿物的必不可少的成分。这类矿物通常称为稀土矿物，如独居石、氟碳铈矿等。

2.作为矿物的杂质元素，以类质同象置换的形式，分散于造岩矿物和稀有金属矿物中，这类矿物可称为含有稀土元素的矿物，如磷灰石、萤石等。

3.呈离子状态被吸附于某些矿物的表面或颗粒间。这类矿物主要是各种黏土矿物、云母类矿物。这类状态的稀土元素很容易提取。

已经发现的稀土矿物约有250种，但具有工业价值的稀土矿物只有50～60种，目前具有开采价值的只有10种左右，现在用于工业提取

稀　土

稀土元素的矿物主要有4种——氟碳铈矿、独居石矿、磷钇矿和风化壳淋积型矿，前3种矿占西方稀土产量的95%以上。独居石和氟碳铈矿中，轻稀土含量较高。磷钇矿中，重稀土和钇含量较高，但矿源比独居石少。

世界稀土资源拥有国除我国外，还有俄罗斯、吉尔吉斯斯坦、美国、澳大利亚、印度、扎伊尔等；主要稀土矿物是氟碳铈矿、离子吸附型矿、独居石、磷钇矿、黑稀金矿、磷灰石、铈铌钙钛矿等。主要进行开采、选矿生产的国家是中国、美国、俄罗斯、吉尔吉斯斯坦、印度、巴西、马来西亚等。

独居石又名磷铈镧矿。矿物成分中稀土氧化物含量可达50%~68%。单斜晶系，斜方柱晶类。晶体成板状，晶面常有条纹，有时为柱、锥、粒状。呈黄褐色、棕色、红色，间或有绿色。半透明至透明。条痕白色或浅红黄色。具有强玻璃光泽。

独居石产在花岗岩及花岗伟晶岩中；稀有金属碳酸岩中；云英岩与石英岩中；云霞正长岩、长霓岩与碱性正长伟晶岩中；阿尔卑斯型脉中；混合岩中；及风化壳与砂矿中。

具有经济开采价值的独居石主要资源是冲积型或海滨砂矿床。最重要的海滨砂矿床是在澳大利亚沿海、巴西以及印度等沿海。此外，斯里兰卡、马达加斯加、南非、马来西亚、中国、泰国、韩国、朝鲜等地都含有独居石的重砂矿床。独居石的生产近几年呈下降趋势，主要原因是由于矿石中钍元素具有放射性，对环境有害。

氟碳铈：晶体呈六方柱状或板状。黄色、红褐色、浅绿或褐色。玻璃光泽、油脂光泽，条痕呈白色、黄色，透明至半透明。有时具放射性、具弱磁性。在薄片中透明，在透射光下无色或淡黄色，在阴极射线下不发光。

产于稀有金属碳酸岩中；花岗岩及花岗伟晶岩中；与花岗正长岩有关的石英脉中；石英—铁锰碳酸盐岩脉中；砂矿中。

目前，已知最大的氟碳铈矿位于我国内蒙古的白云鄂博矿，作为开采铁矿的副产品，它和独居石一道被开采出来，其稀土氧化物平均含量为

5%～6%。品位最高的工业氟碳铈矿矿床是美国加利福尼亚州的芒廷帕斯矿，这是世界上唯一以开采稀土为主的氟碳铈矿。

磷钇矿，有钇族稀土元素混入，其中以镱、铒、镝、钆为主。尚有锆、铀、钍等元素代替钇，同时伴随有硅代替磷。一般来说，磷钇矿中铀的含量大于钍。四方晶系、复四方双锥晶类、呈粒状及块状。黄色、红褐色，有时呈黄绿色，亦呈棕色或淡褐色。条痕淡褐色。玻璃光泽，油脂光泽。具有弱的多色性和放射性。

磷钇矿主要产于花岗岩、花岗伟晶岩中。亦产于碱性花岗岩以及有关的矿床中。在砂矿中亦有产出。

淋积型稀土矿即离子吸附型稀土矿是我国特有的新型稀土矿物。所谓“离子吸附”系稀土元素不以化合物的形式存在，而是呈离子状态吸附于黏土矿物中。这些稀土易为强电解质交换而转入溶液，不需要破碎、选矿等工艺过程，而是直接浸取即可获得混合稀土氧化物。故这类矿的特点是：重稀土元素含量高，经济含量大，品位低，覆盖面大，多在丘陵地带，适于手工和半机械化开采，开采和浸取工艺简单。

稀土元素在地壳中丰度并不稀少，只是分散而已。因此，虽然稀土的绝对量很大，但就目前为止能真正成为可开采的稀土矿并不多，而且在世界上分布极不均匀，主要集中在我国、美国、印度、前苏联、南非、澳大利亚、加拿大、埃及等几个国家，其中我国的占有率最高。

我国占世界稀土资源的43%，是一个名符其实的稀土资源大国。稀土资源极为丰富，分布也极其合理。主要稀土矿有白云鄂博稀土矿、山东微山稀土矿、冕宁稀土矿、江西风化壳淋积型稀土矿、湖南褐钇铌矿和漫长海岸线上的海滨砂矿等。

美国的稀土资源约占世界稀土资源的13%，其稀土消费和氟碳铈矿产量几年来一直居世界第一，但近几年稀土产量已退居第二位，让位于我国。美国稀土资源主要有氟碳铈矿、独居石及在选别其他矿物时，作为副产品可回收黑稀金矿、硅铍钇矿和磷钇矿。

印度主要矿床是砂矿。印度的独居石生产从1911年开始，最大矿床分布在喀拉拉邦、马德拉斯邦和奥里萨拉邦。有名矿区是位于印度南部西海岸的恰瓦拉和马纳范拉库里奇称为特拉范科的大矿床，它在1911—1945年间的供矿量占世界的一半，现在仍然是重要的产地。

俄罗斯的稀土储量很大，主要是伴生矿床位于科拉半岛，存在于碱性岩中的含稀土的磷灰石。俄罗斯的主要稀土来源就是从磷灰石矿石中回收稀土，此外，在磷灰石矿石中，还可以回收的稀土矿物有铈铌钙钛矿，含稀土为29%～34%。另外，在赫列比特和森内尔还有氟碳铈矿。

澳大利亚是独居石的生产大国，独居石是作为生产锆英石和金红石及钛铁矿的副产品加以回收。澳大利亚的砂矿主要集中在西部地区。澳大利亚也产磷钇矿。澳大利亚可开发利用的稀土资源，还有位于昆士兰州中部艾萨山的采铀的尾矿，南澳大利亚州罗克斯伯唐斯铜、铀金矿床。

科拉半岛

加拿大主要从铀矿中副产稀土。位于安大略省布来恩德里弗—埃利特湖地区的铀矿，主要由沥青铀矿、钛铀矿和独居石、磷钇矿组成，在湿法提铀时，可把稀土也提出来。

此外，在魁北克省的奥卡地区拥有的烧绿石矿，也是稀土的一个很大潜在资源。还有纽芬兰岛和拉布拉多省境内的斯特伦奇湖矿，也含有钇和重稀土正准备开发。

南非是非洲地区最重要的独居石生产国。位于开普省的斯廷坎普斯克拉尔的磷灰石矿，伴生有独居石，是世界上唯一单一脉状型独居石稀土矿。此外，在东南海岸的查兹贝的海滨砂中也有稀土。

马来西亚主要从锡矿的尾矿中回收独居石、磷钇矿和铌钇矿等稀土矿物，曾一度是世界重稀土和钇的主要来源。

埃及从钛铁矿中回收独居石。矿床位于尼罗河三角洲地区，属于河滨沙矿，矿源由上游风化的冲积砂沉积而成，独居石储量约20万吨。

巴西是世界稀土生产的最古老国家，1884年开始向德国输出独居石，曾一度名扬世界。巴西的独居石资源主要集中于东部沿海，从里约热内卢到北部福塔莱萨，长达约643千米地区，矿床规模大。

知识点

黏土矿物

黏土矿物是组成黏土岩和土壤的主要矿物。它们是一些含铝、镁等为主的含水硅酸盐矿物。

黏土矿物的粒度细小，其大小和形态需用电子显微镜才能测定。多数黏土矿物如伊利石等呈鳞片状，结晶良好的高岭石则呈完整的假六方片状。少数黏土矿物呈管状（埃洛石）或纤维状（坡缕石和海泡石）。

黏土矿物的形成方式有三种：

1.与风化作用有关。风化原岩的种类和介质条件如水、气候、地貌、植被和时间等因素决定了矿物种和保存与否。

2.热液和温泉水作用于围岩，可以形成黏土矿物的蚀变富集带。

3.由沉积作用、成岩作用生成黏土矿物。

延伸阅读

17种稀土元素名称的由来

镧（La）：“镧”这个元素是1839年被命名的，当时有个叫“莫桑德”的瑞典人发现铈土中含有其他元素，他借用希腊语中“隐藏”一词把这种元素取名为“镧”。从此，镧便登上了历史舞台。

铈（Ce）：“铈”这个元素是由德国人克劳普罗斯，瑞典人乌斯伯齐力、希生格尔于1803年发现并命名的，以纪念1801年发现的小行星——谷神星。

镨（Pr）钕（Nd）：大约160年前，瑞典人莫桑德从镧中发现了一种新的元素，但它不是单一元素，莫桑德发现这种元素的性质与镧非常相似，便将其定名为“镨钕”。“镨钕”希腊语为“双生子”之意。大约又过了40多年，也就是发明汽灯纱罩的1885年，奥地利人韦尔斯巴赫成功地从“镨钕”中分离出了两个元素，一个取名为“钕”，另一个则命名为“镨”。这种“双生子”被分隔开了，镨元素也有了自己施展才华的广阔天地。

钷（Pm）：1947年，马林斯基、格伦丹宁和科里尔从原子能反应堆用过的铀燃料中成功地分离出61号元素，用希腊神话中的神名普罗米修斯命名为钷。

钐（Sm）：1879年，波依斯包德莱从铌钇矿得到的“镨钕”中发现了新的稀土元素，并根据这种矿石的名称命名为钐。

铕（Eu）：1901年，德马凯从“钐”中发现了新元素，取名为铕（Europium）。这大概是根据欧洲（Europe）一词命名的。

钆（Gd）：1880年，瑞士的马里格纳克将“钐”分离成两个元素，其中一个由索里特证实是钐元素，另一个元素得到波依斯包德莱的研究确认，1886年，马里格纳克为了纪念钇元素的发现者研究稀土的先驱荷兰化学家加多林，将这个新元素命名为钆。

铽（Tb）：1843年瑞典的莫桑德通过对钇土的研究，发现铽元素。

镝（Dy）：1886年，法国人波依斯包德莱成功地将钬分离成两个元素，一个仍称为钬，而另一个根据从钬中“难以得到”的意思取名为镝。

钬（Ho）：19世纪后半叶，由于光谱分析法的发现和元素周期表的发表，再加上稀土元素电化学分离工艺的进展，更加促进了新的稀土元素的发现。1879年，瑞典人克利夫发现了钬元素并以瑞典首都斯德哥尔摩地名命名为钬。

铒（Er）：1843年，瑞典的莫桑德发现了铒元素。

铥（Tm）：铥元素是1879年瑞典的克利夫发现的，并以斯堪的纳维亚的旧名Thule命名为铥（Thulium）。

镱（Yb）：1878年，查尔斯和马利格纳克在“铒”中发现了新的稀土元素，这个元素由伊特必命名为镱（Ytterbium）。

镥（Lu）：1907年，韦尔斯巴赫和尤贝恩各自进行研究，用不同的分离方法从“镱”中又发现了一个新元素，韦尔斯巴赫把这个元素取名为Cp，尤贝恩根据巴黎的旧名lutece将其命名为Lu（Lutetium）。后来发现Cp和Lu是同一元素，便统一称为镥。

钇（Y）：1788年，一位以研究化学和矿物学、收集矿石的业余爱好者瑞典军官卡尔·阿雷尼乌斯在斯德哥尔摩湾外的伊特必村，发现了外观像沥青和煤一样的黑色矿物，按当地的地名命名为伊特必矿。1794年芬兰化学家约翰·加多林分析了这种伊特必矿样品。发现其中除铍、硅、铁的氧化物外，还含有约38%的未知元素的氧化物 “新土”。1797年，瑞典化学家埃克贝格确认了这种“新土”，命名为钇土。

钪（Sc）：1879年，瑞典的化学教授尼尔森和克莱夫差不多同时在稀有的矿物硅铍钇矿和黑稀金矿中找到了一种新元素。他们给这一元素定名为“Scandium”（钪），钪就是门捷列夫当初所预言的“类硼”元素。他们的发现再次证明了元素周期律的正确性和门捷列夫的远见卓识。

非金属矿产

非金属矿产资源系指那些除燃料矿产、金属矿产外，在当前技术经济条件下，可供工业提取非金属化学元素、化合物或可直接利用的岩石与矿物。

非金属矿产资源品种繁多，且随着科技进步而不断增长，许多以往认为不是矿的矿物和岩石，由于试验研究得到了工业利用，而步入非金属矿产的行列；许多以往用项简单的矿物和岩石，由于应用领域的开拓，而身价百倍，发展迅速。

非金属矿产资源是紧密伴随人类生存、繁衍和社会进化的应用历史最悠久、应用领域最广泛、开发前景最广阔的矿产资源。它广泛用于建筑、冶金、化工、轻工、石油、地质、机械、农业、医药、首饰和环境保护等诸多领域。随着科学技术的进步、经济的发展，非金属矿产资源及其产品以其优异的性能散发出非凡的魅力，成为金属材料不可比拟和不可取代的材料，日益受到世界多数国家的重视和人们的青睐。

金刚石

金刚石俗称“金刚钻”，也就是我们常说的钻石，它是一种由纯碳组成的矿物。金刚石是自然界中最坚硬的物质，因此也就具有了许多重要的工业用途，如精细研磨材料、高硬切割工具、各类钻头、拉丝模。金刚石还被作为很多精密仪器的部件。

金刚石有各种颜色，从无色到黑色都有。它们可以是透明的，也可以是半透明或不透明。多数金刚石大多带些黄色。金刚石的折射率非常高，色散性能也很强，这就是金刚石为什么会反射出五彩缤纷闪光的原因。金刚石在

X射线照射下会发出蓝绿色荧光。

虽然现在大多数人都知道金刚石的珍贵，但是直到19世纪中叶，人们还把金刚石视为一种神奇的石头。在已知的全部大约4200种矿物中，金刚石为什么会最坚硬？金刚石是在何地、如何产生出来的？所有这些，当时的人们还都全然不知。

人类同金刚石打交道有悠久的历史。早在公元1世纪，当时罗马的文献中就有了关于金刚石的记载。那时，罗马人还没有把金刚石当作装饰用的宝石，只是利用它们无比的硬度，当作雕琢工具使用。

后来，随着技术的进步，金刚石才被当作宝石用于饰品，而且价格越来越昂贵。到了15世纪，在欧洲的一些城市，如巴黎、伦敦和安特卫普等，已经能够看到一些匠人利用金刚石的粉末来研磨大块金刚石，对金刚石进行加工。

金刚石作为宝石越来越昂贵，然而，对金刚石的科学研究却相对比较迟缓。一个重要原因就是，长期以来始终未能发现储藏有金刚石的“矿山”，已经发现的金刚石全都是在印度和巴西等地的河沙及碎石中靠运气采集到

金刚石

的，数量极少，十分稀罕。特别是高品质的金刚石，极其昂贵，只有王公贵族才享用得起。对如此昂贵的金刚石进行研究，在那样一种情况下，几乎是不可能的。

进入19世纪，情况才有了变化。1866年，住在南非一家农场的一位叫做伊拉兹马斯·雅可比的少年在奥兰治河滩上玩耍，无意中捡到一块重达21.25克拉的金刚石原石。那粒金刚石立即被英国的殖民总督送到巴黎的万国博览会上展览，并取名为“尤瑞卡”（希腊语，意思是“我找到了”）。

听到在南非发现金刚石的消息，一时间有成千上万的探矿者赶到奥兰治河，形成了一股寻找金刚石的狂潮。其中有一对姓伯纳特的兄弟，不久就非常幸运地在金伯利附近发现了一座金刚石矿。

伯纳特兄弟于1870年发现了金伯利金刚石矿。正是这一发现，使人们知道了在哪种岩石中有可能含有金刚石。

原来，那是一种在远古时代的岩浆冷却以后所形成的火山岩。接着，研究者又发现，在这种火山岩中除了金刚石，还含有被称为石榴石和橄榄石的两种矿物。因此，在那些出产石榴石和橄榄石的地点，找到金刚石矿的可能性就比较大。于是，石榴石和橄榄石就成为寻找金刚石的“指示矿物”。

目前在世界各地都发现了金刚石矿。其中，澳大利亚、刚果、俄罗斯、博茨瓦纳和南非是著名的五大金刚石产地。

我国也有原生金刚石矿。重为158.786克拉的常林钻石就是1977年12月21日在山东临沭县境内发现的。据1987年资料，我国主要金刚石成矿区有：辽东—吉南成矿区，有中生代和中古生代两期金伯利岩。

鲁西、苏北、皖北成矿区，下古生代可能有多期金伯利岩。晋、豫、冀成矿区，已在太行山、嵩山、五台山等地发现金伯利岩。湘、黔、鄂、川成矿区，已在湖南沅水流域发现了4个具工业价值的金刚石砂矿。

湖南金刚石，产于湖南省常德丁家港、桃源、溆浦等地。湖南金刚石以砂矿为主，主要分布在沅水流域，分布零散，品位低，但质量好，宝石级金刚石约占40%。相传在明朝年间，湖南沅江流域就有零星的金刚石发现，大规模的寻矿则始于20世纪50年代。沅江整个水域均有金刚石分布，但有开采价值的仅常德丁家港、桃源县车溪冲、溆浦县（黔阳）新庄垅、沅陵县窑头等4处。

绝大多数的宝石金刚石都很小。1克拉以上的就算大钻石；超过100克拉的极其稀少，人们视若珍宝。到目前为止，世界上所发现的重量超过324克拉的天然金刚石只有35颗。所以，金刚石的价格比黄金还要贵。在国际市场上，1克拉金刚石的价格，相当于2吨大米的价格。

金刚石的导热能力比铜高数倍，是电子技术和激光技术中的优良散热材料。由于它的硬度高，所以常被用作地质钻探的钻头和切削金属的工具，既锋利又不发热。现在，人们已经能用人工合成金刚石了。

习惯上人们常将加工过的金刚石称为钻石，而未加工过的称为金刚石。钻石是自然界中最硬物质，最佳颜色为无色，但也有特殊色，如蓝色、紫色、金黄色等。这些颜色的钻石稀有，是钻石中的珍品。

印度是历史上最著名的金刚石出产国，现在世界上许多著名的钻石如“光明之山”，“摄政王”，“奥尔洛夫”均出自印度。经过琢磨后的钻石一般有圆形、长方形、方形、椭圆形、心形、梨形、榄尖形等。

世界上最重的钻石是1905年产于南非的“库里南”，重3106.3克拉，已被分磨成9粒小钻，其中一粒被称为“非洲之星”的库里南1号的钻石重量仍占世界名钻首位。

那么，如此贵重的金刚石是如何形成的呢？

美国马萨诸塞大学的地球物理学家史蒂文·哈格蒂博士在1999年研究了世界各地含有金刚石的熔岩的年代，结果发现，这些含有金刚石的熔岩至少是在过去7个不同的时期在各地喷出的岩浆所形成的，其中最古老的熔岩则是在大约10亿年前形成的。在这7个岩浆喷发时期中，以在非洲各地和巴西等地区于1.2亿年前至8000万年前喷出的岩浆中所含有的金刚石为最多。那时正值恐龙时代极盛期的中生代白垩纪。含有金刚石的熔岩，最晚的，是在2200万年以前喷出的岩浆形成的。至于在那以后形成的熔岩中是否含有金刚石，则还无法肯定。

知识点

克　拉

克拉，英文carat，通常缩写成ct，从1907年国际商定为宝石计量单位开始沿用至今，是珠玉、钻石等宝石的质量单位，和贵金属的纯度比例。

评估钻石的国际标准4C。4C是指颜色（colour）、净度（clarity）、重量（carat）及切工（cut）。

克拉一词，源自希腊语中的克拉，指长角豆树，是一种从东亚洲广泛普及到中东的植物。由于其果子被称为具有近乎一致的重量，且钻石的重量是4C中最容易度量的特征，因而早期长角豆树就被用作珠宝和贵金属的重量单位。1克拉即等于一粒小角树种子的重量。

现定1克拉等于0.2克或200毫克。1克拉又分为100分，如10分即0.1克拉，以用作计算较为细小的宝石。因为钻石的密度基本上相同，因此越重的钻石体积越大。越大的钻石越稀有，每克拉的价值亦越高。

延伸阅读

金刚石为何硬度大

把任何两种不同的矿物互相刻划，两者中必定会有一种受到损伤。有一种矿物，能够划伤其他一切矿物，却没有一种矿物能够划伤它，这就是金刚石。

金刚石为什么会有如此大的硬度呢？

直到18世纪后半叶，科学家才搞清楚了构成金刚石的“材料”。如前所述，早在公元1世纪的文献中就有了关于金刚石的记载，然而，在其后的1600多年中，人们始终不知道金刚石的成分是什么。

直到18世纪的70—90年代，才有法国化学家拉瓦锡等人进行的在氧气中燃烧金刚石的实验，结果发现得到的是二氧化碳气体，即一种由氧和碳结合在一起的物质。这里的碳就来源于金刚石。终于，这些实验证明了组成金刚石的材料是碳。

知道了金刚石的成分是碳，仍然不能解释金刚石为什么有那样大的硬度。例如，制造铅笔芯的材料是石墨，成分也是碳，然而石墨却是一种比人的指甲还要软的矿物。金刚石和石墨这两种矿物为什么会如此不同？

这个问题，是在1913年才由英国的物理学家威廉·布拉格和他的儿子做出回答。布拉格父子用X射线观察金刚石，研究金刚石晶体内原子的排列方式。

他们发现，在金刚石晶体内部，每一个碳原子都与周围的4个碳原子紧密结合，形成一种致密的三维结构。这是一种在其他矿物中都未曾见到过的特殊结构。而且，这种致密的结构，使得金刚石的密度为每立方厘米约3.5克，大约是石墨密度的1.5倍。正是这种致密的结构，使得金刚石具有最大的硬度。

刚　玉

红宝石和蓝宝石是同一种矿物，名字叫刚玉。它们都由三氧化二铝组成，都是粒状或腰鼓状晶体，硬度也相同，仅次于金刚石；而且在岩石中常伴生在一起，就像一对孪生姐妹。只是红宝石因含微量铬而呈艳红色；蓝宝石含微量钛而透体娇蓝，还有一些蓝宝石因含铁等微量元素而呈现黄、橙、绿、紫、粉红等色。

红宝石

红宝石产出稀少，

晶粒细小。单个晶粒平均重量大都小于1克拉（0.2克），超过2克拉的很少，大于5克拉的甚为稀罕。最名贵的要数“鸽血红”红宝石，它比金刚石还贵重。世界上唯一特大型红宝石发现于缅甸，重3450克拉；最大的鸽血红红宝石重仅55克拉。

传说戴红宝石的人会健康长寿、聪明智慧、爱情美满，而且，左手戴上红宝石戒指或者左侧戴一枚红宝石胸饰，就会有一种逢凶化吉、变敌为友的魔力。昔日缅甸武士自愿在身上割一小口，将一粒红宝石嵌入，认为这样就可达到刀枪不入的目的。

正因为宝石级的大颗粒红宝石非常罕见，所以小说家们竭尽丰富的想象和奇异的幻想来描绘红宝石。马可·波罗曾于13世纪写道：僧伽罗君主拥有一枚10厘米长、一手指那么厚的一颗红宝石。中国皇帝忽必烈想拿一个城池来换这颗红宝石，竟被这位僧伽罗君主拒绝了。僧伽罗君主说：“即使把全世界的财富都放在我的脚下，我也不愿同这颗红宝石分手。”事实上，至今没有哪一位宝石专家见到过如此巨大的红宝石，如果真有的话，也可能是红色尖晶石或红色碧玺，绝非红宝石。

古时在印度和缅甸，人们曾认为美丽的红宝石本是一种特殊的白色石子，随着时间的推移，它们会吸收日月之精华，最终点燃了蕴藏在内部的烈火，从而变成了红彤彤的宝石，如果时间不够，被人们提前挖出来，它们就不会具有鲜艳的颜色，而是呈暗淡的或微红的颜色。

直到今天，人们仍然把红宝石看作宝石中的珍品，把它当作七月生辰石，骄阳似火的七月，灿烂的阳光与红宝石夺目的红色光芒相互辉映，令人朝气蓬勃，奋发向上。所以人们又把红宝石比作热烈的爱情，将其作为结婚40周年的纪念石。

除红色以外，任何颜色的宝石级刚玉都叫蓝宝石。蓝宝石中，要数蔚蓝色的最佳。蓝宝石晶体通常重几克拉至几十克拉，但100克拉以上的优质蓝宝石则比较罕见，超过1千克拉的是珍品了。世界上最大的蓝宝石晶体发现于斯里兰卡砂矿中，重达19千克。另一颗世界驰名的蓝宝石重330克拉，它被誉为“亚洲之星”，经琢磨后会闪射星光。

蓝宝石一词来自拉丁语，意思是“对土星的珍爱”。据说蓝宝石能保护国王和君主免受伤害和妒忌，是最适用于做教士环冠的宝石。基督教徒常常把基督教的十诫刻在蓝宝石上，作为镇教之宝。波斯人认为，大地是由一个巨大的蓝宝石来支撑的，是蓝宝石的反光将天穹映成为蔚蓝色的。

据传说蓝宝石还可以除去眼中污物和异物，1391年伦敦圣保罗大教堂收到的礼物中有一颗蓝宝石，捐赠人要求把这颗蓝宝石陈列在神殿上，用来治疗眼疾，并且公布治疗效果。

直到现在，蓝宝石依然被看作诚实和德高望重的象征，是传统的九月份生辰石。结婚45周年称为蓝宝石婚，清朝三品官的顶戴标志也是蓝宝石。

红宝石和蓝宝石中的珍品是星光宝石。在被誉为“宝石之岛”的斯里兰卡流传着关于星光宝石的故事：很久很久以前，有一个名叫班达的青年，他勇敢而仗义，为了百姓的安宁，在一次与魔王的搏斗中，他把自己变成了一支巨大的飞箭，深深地刺入魔王地咽喉，凶恶的魔王在临死之前拼命挣扎，以致把天撞碎了一角，使天上的许多星星纷纷坠落，其中一些沾染魔王的鲜血的星星便变成了星光红宝石，没有染血的星星则成了星光蓝宝石。

当然，这只是传说。其实，红宝石和蓝宝石因为产地不同才显现出不同的特点。目前，世界上出产红宝石、蓝宝石的国家有：缅甸、斯里兰卡、泰国、越南、柬埔寨、中国等国。

缅甸红宝石具有鲜艳的玫瑰红色——红色。其颜色的最高品级称为“鸽血红”，即红色纯正，且饱和度很高。日光下显荧光效应，其各个刻面均呈鲜红色，熠熠生辉。常含丰富的细小金红石针雾，形成星光。颜色分布不均匀。高质量的缅甸蓝宝石具有非常纯正的蓝色（带紫的内反射色），当然也有浅蓝—深蓝的品种。

泰国红宝石含铁高，颜色较深，透明度较低，多呈暗红—棕红色。日光下不具荧光效应，只是在光线直射的刻面较鲜艳，其他刻面则发黑。颜色比较均匀。缺失金红石状包裹体，所以没星光红宝石品种。泰国蓝宝石颜色较深、透明度较低，浅蓝色的内反射色，常发育完好的六边形色带，但尖竹纹地区的红宝石、蓝宝石质量较佳。

斯里兰卡红宝石以透明度高、颜色柔和而闻名于世。而且颗粒较大，其颜色多彩多姿，几乎包括从浅红——大红各种过渡色。另外其色带发育，金红石针细、长而且分布均匀。斯里兰卡蓝宝石同红宝石一样，具有很高的透明度，其颜色也很丰富，除蓝色外，还有黄色，绿色等多种颜色，具翠蓝色内反射色。

我国的红宝石发现于云南、安徽、青海等地。其中云南红宝石稍好。蓝宝石则发现于海南蓬莱镇、山东潍坊地区、青海西部、江苏六合等地。山东蓝宝石以粒度大、晶体完整而著称。最大达155克拉，但颜色过深、透明度较低。与蓝宝石相比，黄色蓝宝石大多透明度较好。

知识点

荧光效应

当高能量短波长光线射入某些物质时，物质中的电子吸收能量，从基态跃迁至高能级；由于电子处在高能级不稳定，就会从高能级跃迁至低能级，从而释放出能量发出荧光，此为荧光效应。

延伸阅读

红、蓝宝石著名珍品

1.圣·爱德华蓝宝石

英国皇家珠宝中历史最悠久的宝石之一，曾属圣·爱德华所有（11世纪），他生前曾把这枚蓝宝石镶嵌在戒指上，现在这颗宝石被镶嵌在王冠顶部上方的十字架中心。

2.斯图尔特蓝宝石

也是一颗具有悠久历史的蓝宝石，重104克拉，曾镶嵌在爱德华四世的王冠上，现镶嵌在英帝国王冠的背面。

3.丛林（TheJungle）蓝宝石

重958克拉，1929年发现于缅甸抹谷丛林中，现已被切磨成9块。

4.印度之星（StarofIndia）

重563克拉，产于斯里兰卡砂矿，为美丽的蓝色，6条星线极为清晰，1901年由皮尔彭特·摩根（J.PierpontMorgan）将此宝石捐赠给美国纽约自然历史博物馆。

5.蓝宝石雕刻品

藏于美国华盛顿史密斯博物馆的4位美国前任总统的雕刻头像，其中林肯总统的头像高4厘米，重1318克拉，颜色为黑色，带有深蓝色斑点，是从一颗发现于澳大利亚昆士兰、重量2302克拉的蓝宝石中雕刻而成的。

6.亚洲之星（StarofAsia）

330克拉，蓝色，产自缅甸，现存美国华盛顿史密斯博物馆，属世界著名珍宝。

7.RosserReeves星光红宝石

重138.7克拉，现藏于美国美国华盛顿史密斯博物馆，产于斯里兰卡。

8.卡兰之星星光红宝石

重362克拉，现藏于斯里兰卡首都科伦坡国家博物馆。

9.红宝石拖鞋

由美国珠宝家温斯顿亲手设计，与真鞋尺寸一样大，共用了1350克拉的红宝石4600颗和50克拉钻石，镶嵌在有机玻璃的鞋座上。

10.Logan蓝宝石

重423克拉，产自斯里兰卡，现藏于美国美国华盛顿史密斯博物馆。

石　棉

你知道石头能织布吗？石棉布就是用石棉这种石头织成的。它不怕火烧，也不怕酸碱的腐蚀，还能隔音、绝缘。

相传，东汉顺帝梁皇后之兄、大将军梁冀得到了一件“仙衣”。一次，他穿上这件“仙衣”大宴宾客，故意碰翻了酒盏碗碟，“仙衣”上沾满了斑斑油迹。正当客人们为此宝物惋惜时，梁冀叫家人拿出一盆熊熊烈火，说是以火洗衣。在客人们疑惑的目光下，这件“仙衣”被大火烧得干干净净，完整如新。这就是我国历史上轰动一时的稀世之宝——“火浣布”。其实，这并不是什么“仙衣”，而是用石棉布织成的衣服。

石棉又称“石绵”，为商业性术语，指具有高抗张强度、高挠性、耐化学和热侵蚀、电绝缘和具有可纺性的硅酸盐类矿物产品。它是天然的纤维状的硅酸盐类类矿物质的总称。石棉由纤维束组成，而纤维束又由很长很细的能相互分离的纤维组成。石棉具有高度耐火性、电绝缘性和绝热性，是重要的防火、绝缘和保温材料。

石绵种类很多，依其矿物成分和化学组成不同，可分为蛇纹石石棉和角闪石石棉两类。蛇纹石石棉又称温石棉，它是石棉中产量最多的一种，具有较好的可纺性能。角闪石石棉又可分为蓝石棉、透闪石石棉、阳起石石棉

石 棉

等，产量比蛇纹石石棉少。

蛇纹石石棉也称纤维蛇纹石石棉，或温石棉，主要成分有二氧化硅、氧化镁和结晶水。蛇纹石石棉呈白色或灰色，半透明；没有磁性、不导电、耐火、耐碱，纤维坚韧柔软，具有丝的光泽和好的可纺性。目前世界所产石棉主要是蛇纹石石棉，约占世界石棉产量的95%。

角闪石类石棉包括青石棉、铁石棉、直闪石石棉、透闪石石棉和阳起石。角闪石类石棉各品种由于含有钠、钙、镁和铁成分数量不同而相区分。须注意，蛇纹石和角闪石矿物本身可有纤维结构或非纤维结构两种，有纤维结构的蛇纹石和角闪石才称为石棉。

人类对石棉的使用已被证明上溯到古埃及，当时，石棉被用来制作法老们的裹尸布。在芬兰，石棉纤维还在旧石器时代的陶器作坊被发现了。希腊历史学家赫罗多托斯曾谈到用来装盛被焚烧尸体骨架的耐火容器。

我国周代已能用石棉纤维制作织物，因沾污后经火烧即洁白如新，故有火浣布或火烧布之称。列子书中就有记载："火浣之布，浣之必投于火，布则火色垢则布色。出火而振之，皓然疑乎雪。"马可·波罗曾说道一种"矿物物质"，被鞑靼人用来制作防火服。

在法国，拿破仑皇帝曾对石棉很感兴趣，并鼓励在意大利进行实验。最古老的石棉矿是在克里特岛、塞浦路斯、希腊、印度和埃及发现的。在18世纪，欧洲共记载了20个石棉矿，最大的是位于德国的赖兴斯坦。在美洲大陆，宾夕法尼亚州开采石棉始于17世纪末期。

1900年前后，全世界开采的石棉数量大约是每年30万吨。石棉采矿自工业时代开始一直不断发展，1975年约500万吨的石棉被开采出来，此后，吸入石棉粉尘带来的健康风险被广为传播开来，使用石棉的数量逐步下降，到1998年降至300万吨上下。

2003年世界生产石棉总量约为206万吨，比2002年减少7万吨。俄罗斯产量占世界第一位，其次是中国、哈萨克斯坦、加拿大、巴西和津巴布韦。上述国家总产量占世界总产量的95%。

虽然2003年石棉产量减幅不大，但石棉生产前景不是很光明，有些国家已经采取立法行动，全面或部分禁止石棉使用。如乌拉圭已通过立法禁止生产和进口石棉制品，新西兰亦已禁止进口石棉原矿。我国也于2002年7月宣布，禁止角闪石类石棉的生产、进口和使用。

不过，目前石棉仍被一些国家和地区的人们广泛地应用于生产和生活中。大体上说，石棉的应用可以按行业分为纺织、建筑和工业。

纤维长度较长、含水量较多的石棉纤维经机械处理后，可直接在纺织机械上加工，制成纯石棉制品。或在石棉纤维中混入一部分棉纤维或其他有机纤维，制成混纺石棉制品。由于大多石棉纤维的长度较短，比较脆硬，容易折断，用机械加工容易污染空气。为了改进纺纱工艺和防止污染，近年来采用湿法纺纱，首先制成石棉薄膜带，经加拈制成纱线，然后再加工成为各种石棉制品。石棉纱线经制绳机械加工可制成各种绳索。也可织成石棉布缝制石棉服、石棉靴、石棉手套等劳动保护用品。

石棉水泥制品，常见的如石棉水泥管，石棉水泥瓦和石棉水泥板和各种石棉复合板等。这类制品的石棉用量占石棉总消耗量的75%以上，随着涂料工业的发展，各种彩色石棉瓦、彩色石棉板等将为建筑行业提供更优质的材料。石棉板用于建筑物的隔热、隔音墙板等。生产石棉水泥制品一般选用硬结构的针状棉，级别要求不甚高，4~5级棉即可满足使用要求。

石棉水泥制品所用石棉主要为温石棉，有时也掺加适量青石棉和铁石棉，所用水泥主要是硅酸盐水泥，若用磨细石英砂代替40%左右的硅酸盐水泥时，则制品需经蒸压养护。

石棉水泥制品具有较高的抗弯和抗拉强度，可制成薄壁制品；还具有耐蚀、不透水、抗冻性与耐热性好以及易于机械加工等许多优点。其主要缺点是抗冲击强度较低。

另外，石棉在工业中还可以制成石棉保温隔热制品、石棉橡胶制品、石棉制动制品、石棉电工材料等。

知识点

纤 维

纤维一般是指细而长的材料。

纤维有两大特点：一是细到人们不能用肉眼直接观测，直径一般在几微米至几十微米之间或更细；二是其长径比在几十几百至几万甚至理论上能达到无穷大，与纤维的种类有关，这使纤维在力学上明显表现出长的性质，例如其弯曲扭转时发生小范围部分形变，整体拉伸时即使在弹性范围以内也显示出相当大的形变。

延伸阅读

石棉的危害

石棉本身并无毒害，但它的纤维非常细小，被吸入人体后就会附着并沉积在肺部，造成肺部疾病，严重时引起肺癌，而且这些肺部疾病往往会有很长的潜伏期。石棉已被国际癌症研究中心认定为致癌物，在多个国家被禁止使用。

石棉是如何污染环境而成为职业杀手的呢，专家认为：当含石棉的材料发生破损时，细小的纤维进入空气并产生污染。石棉纤维进入空气后，可以对人体产生物理损伤和细胞毒性，进而可导致石棉肺，以全肺弥漫性纤维化为主的全身性疾病，主要表现为咳嗽、呼吸困难和严重的肺功能障碍。石棉纤维在肺中沉积可引起肺癌和恶性间皮瘤，几乎所有商品中的石棉均具有致癌性。

俄罗斯医学科学院国家肿瘤科学中心通过多年研究，不仅发现石棉可以致癌，而且对致癌的机理作了解释。俄研究人员通过对患者的免疫系统中发现的巨噬蛋白质进行分析，认为正是这些巨噬蛋白质导致了纤维的毒性和致癌性。在对肺和恶性肿瘤细胞的组织研究实验中发现，石棉本身不会引起癌症，致癌的是那些在带电荷的纤维和灰尘粒子的基础上合成的活性氧原子团。

此外，研究人员发现灰尘粒子和纤维对巨噬蛋白质具有激活作用，而巨噬蛋白质提高了细胞对原子团的敏感性。当人周期性的吸入石棉灰尘的时候，活性的氧原子团不断添充肺。这些氧原子团能使正常的肺细胞死亡，或者发生变异，从而导致癌症的发生。石棉吸入人体后会产生矛盾而复杂的机理现象。

虽然石棉已经被明确列入致癌物，但是它在空气中的含量必须达到一定程度才会对人体健康造成危害。因此，那些即便是使用了含石棉建筑材料的旧式房屋，只要保持完好无损的状态，石棉纤维未进入室内空气，也就不会对人体健康产生危害。

大理石

大理石，又称大理岩，是一种变质岩。因云南大理盛产这种矿石，所以被称为“大理石”。大理石有许多别名。在古代，大理石多被用作建筑物的柱础，故称为“础石”。又因其给人清新凉爽之感，也称“醒酒石”。此外，还有文石、凤凰石、榆石等称呼。

大理岩是由石灰岩、白云质灰岩、白云岩等碳酸盐岩石经区域变质作用和接触变质作用形成，方解石和白云石的含量一般大于50%，有的可达99%。但是除少数纯大理岩外，在一般大理岩中往往含有少量的其他变质矿物。

由于原来岩石中所含的杂质种类不同（如硅质、泥质、碳质、铁质、火山碎屑物质等），以及变质作用的温度、压力和水溶液含量等的差别，大理岩中伴生的矿物种类也不同。

例如，由较纯的碳酸盐岩石形成的大理岩中，方解石和白云石占90%以上，有时可含有很少的石墨、白云母、磁铁矿、黄铁矿等，在低温高压条件下方解石可转变成文石；由含硅质的碳酸盐岩石形成的大理岩中，在中、低温时可含有滑石、透闪石、阳起石、石英等，在中、高温时可含有透辉石、斜方辉石、镁橄榄石、硅灰石、方镁石等，在高温低压条件下可出现粒硅钙石、钙镁橄榄石、镁黄长石等；由含泥质的碳酸盐岩石形成的大理岩中，在中、低温时可含有蛇纹石、绿泥石、绿帘石、黝帘石、符山石、黑云母、酸性斜长石、微斜长石等，在中、高温时可含有方柱石、钙铝榴石、粒硅镁石、金云母、尖晶石、磷灰石、中基性斜长石、正长石等。

大理岩一般具有典型的粒状变晶结构，粒度一般为中、细粒，有时为粗粒，岩石中的方解石和白云石颗粒之间成紧密镶嵌结构。在某些区域变质作用形成的大理岩中，由于方解石的光轴成定向排列，使大理岩具有较强的透光性，如有的大理岩可透光2厘米，个别大理岩的透光性可达3～4厘米，它们是优良的雕刻材料。

大理岩的构造多为块状构造，也有不少大理岩具有大小不等的条带、条纹、斑块或斑点等构造，它们经加工后便成为具有不同颜色和花纹图案的装饰建筑材料。

大理石除纯白色外，有的还具有各种美丽的颜色和花纹，常见的颜色有浅灰、浅红、浅黄、绿色、褐色、黑色等，产生不同颜色和花纹的主要原因是大理岩中含有少量的有色矿物和杂质，如含锰方解石组成的大理岩为粉红色，大理岩中含石墨为灰色，含蛇纹石为黄绿色，含绿泥石、阳起石和透辉石为绿色，含金云母和粒硅镁石为黄色，含符山石和钙铝榴石为褐色等。

大理石分布很广，在世界各地前寒武纪的地盾和地块中生代、古生代以后的变质活动作用的地区内均有出露。大理岩往往和其他的变质岩共生，有的呈厚度不等的夹层产出，有的则以大理岩为主夹杂其

大理石

他的变质岩，厚度可达数百米。含有大理岩地层的同位素年龄距今最大可达37.6亿年。

我国大理石的产地遍布全国，其中以云南省大理点苍山为最著名，点苍山大理岩具有各种颜色的山水画花纹，是名贵的雕刻和装饰材料。北京房山大理岩有白色和灰色两种。白色大理岩为细粒结构，质地均匀致密，称为汉白玉；浅灰色大理岩为中细粒结构，并具有各种浅灰色的细条纹状花纹，称为艾叶青。这两种均是优美的雕刻和建筑材料。广东云浮、福建屏南、江苏镇江、湖北大冶、四川南江、河南镇平、河北涿鹿、山东莱阳、辽宁连山关等地都产有各种大理岩。

大理石主要用作雕刻和建筑材料，雕刻用的主要是纯白色细均粒透光性强的大理岩，透光性强可以提高大理岩的光泽。常用于建造纪念碑、铺砌地面、墙面以及雕刻栏杆等。也用作桌面、石屏或其他装饰，这类用途根据不同的需要可以用纯白色结构均匀的大理岩，也可以用具有各种颜色和花纹的大理岩。大理岩还在电工材料中用作隔电板，这类大理岩要求绝缘性能好，不能含有杂质，尤其是黄铁矿、磁铁矿等导电杂质。含钙高的大理岩还可作为石灰和水泥原料等。

我国是使用大理岩最早和最多的国家之一，在公元前12世纪的殷代就有用大理岩雕刻的水牛，北京和全国各地许多著名的古代和现代建筑中都广泛使用了大理岩。天安门前的华表，故宫内的汉白玉栏杆及保和殿后面重达250吨的云龙石，人民英雄纪念碑的浮雕，人民大会堂门前的大石柱和宴会厅，北京地下铁道的车站等都是用大理岩装饰而成。

在西方，大理石也被人们广泛应用。大理岩软硬适中，便于铁器雕凿，且很坚韧，不易崩裂。西方人很早就用它来雕刻佛像、人物、动物、石碑、栏杆等。意大利西北部濒临地中海的卡拉拉，号称“世界大理石之都”，开采大理石矿已有2000多年的历史。世界上一些著名建筑物，如佛罗伦萨的大教堂、比萨斜塔、列宁格勒博物馆、纽约世界贸易中心等，几乎都有卡拉拉的大理石。

虽然大理岩的防水、防冷性能好，又比较致密坚固，但它不耐酸，很易受到酸的侵蚀。因此，被称为“空中死神”的酸雨，对由大理石构筑的世界文物造成严重的威胁，伦敦的大理石建筑曾因其上空的酸雾而剥落。

知识点

粒　度

粒度是组成矿石、岩石、土壤的矿物或颗粒的大小的度量。

常指矿物或颗粒的直径（毫米、微米）大小或以95%的物料所通过的筛孔尺寸（毫米或网目）表示，在研究矿产、岩石、土壤的生成条件和物质来源及其水文地质、工程地质条件时，或在划分矿产的品级，确定使用范围及加工技术性能时，粒度都是一项必要的研究内容。

延伸阅读

大理石的评价与鉴别

根据规格尺寸允许的偏差、平面度和角度允许的公差，以及外观质量、表面光洁度等指标，大理石板材分为优等品、一等品和合格品3个等级；大理石板材的定级、鉴别主要是通过仪器、量具的检测来鉴别的。

不同等级的大理石板材的外观有所不同。因为大理石是天然形成的，缺陷在所难免。同时加工设备和量具的优劣也是造成板材缺陷的原因。有的板材的板体不丰满（翘曲或凹陷），板体有缺陷（裂纹、砂眼、色斑等），板体规格不一（如缺棱角、板体不正）等。按照国家标准，各等级的大理石板材都允许有一定的缺陷，只不过优等品不那么明显罢了。

大理石板材色彩斑斓，色调多样，花纹无一相同，这正是大理石板材名贵的魅力所在。色调基本一致、色差较小、花纹美观是优良品种的具体表现，否则会严重影响装饰效果。

大理石板材表面光泽度的高低会极大影响装饰效果。一般来说优质大理石板材的抛光面应具有镜面一样的光泽，能清晰地映出景物。但不同品质的大理石由于化学成分不同，即使是同等级的产品，其光泽度的差异也会很大。当然同一材质不同等级之间的板材表面光泽度也会有一定差异。此外，大理石板材的强度、吸水率也是评价大理石质量的重要指标。

萤　石

古代印度人发现，有个小山岗上的眼镜蛇特别多。它们老是在一块大石头周围转悠。奇异的自然现象引起了人们探索奥秘的兴趣。原来，每当夜幕降临，这里的大石头会闪烁微蓝色的亮光。许多具有趋光性的昆虫便纷纷到亮石头上空飞舞，青蛙跳出来竞相捕食昆虫，躲在不远处的眼镜蛇也纷纷赶来捕食青蛙。于是，人们把这种石头叫做“蛇眼石”。后来随着科学的发展，人们才知道蛇眼石就是萤石。

萤石，又称氟石，是工业上氟元素的主要来源，是世界上二十几种重要的非金属矿物原料之一。它广泛应用于冶金、炼铝、玻璃、陶瓷、水泥、化学工业。纯净无色透明的萤石可作为光学材料，色泽艳丽的萤石亦可作为宝玉石和工艺美术雕刻原料。萤石又是氟化学工业的基本原料，其产品广泛用于航天、航空、制冷、医药、农药、防腐、灭火、电子、电力、机械和原子能等领域。随着科技和国民经济的不断发展，萤石已成为现代工业中重要的矿物原料，许多发达国家把它作为一种重要的战略物资进行储备。

萤　石

氟是自然界广泛存在的元素，它的化合物有萤石、氟磷灰石、冰晶石、氟镁石、氟化钠、氟碳铈矿等150多种，其中最重要的矿物就是萤石。

萤石矿物中常混入氯、稀土、铀、铁、铅、锌、沥青等。萤石矿物属等轴晶系，晶形多呈立方体，少数为菱形十二面体及八面体。多形成穿插双晶。集合体为致密块状，偶成土状块体。硬度为4，性脆、解理完全，密度为3.18，熔点1360℃。

萤石一般不溶于水，与盐酸、硝酸作用微弱，在热的浓硫酸中可完全溶解而生成氟化氢气体和硫酸钙。结晶的萤石有多种颜色，在X射线、热紫外线和压力的作用下色泽会发生变化，有些萤石在紫外线或阴极射线作用下会发出绿蓝色或紫罗兰色光，有些在受热和阳光或紫外线照射下发磷光，还有些会发出摩擦荧光。

结晶状态完好的萤石还具有很低的折射率和低的色散率，同时也是异向同性的物质，具有不寻常的紫外线透过能力。

人类利用萤石已有悠久的历史。

1529年，德国矿物学家阿格里科拉在他的著作中最早提到了萤石，1556年他在研究萤石的过程中，发现了萤石是低熔点的矿物，在钢铁冶炼中加入一定量的萤石，不仅可以提高炉温，除去硫、磷等有害杂质，而且还能同炉渣形成共熔体混合物，增强活动性、流动性，使渣和金属分离。

1670年，德国玻璃工人契瓦哈特偶然将萤石与硫酸混在一起，发生化学反应，产生了一种具有刺激性气味的烟雾，从而引起人们对萤石化学特性的重视。

1771年，瑞典化学家杜勒将萤石和硫酸作用制成了由氢元素和一个不知名元素化合而成的酸，同时还发现这种酸能蚀刻玻璃。

1813年，法国物理学家安培把这种不知名的元素定名为氟元素，取其第一个字母“F”为元素符号，列入元素周期表第二周期第七族，属于卤族元素。

1886年，法国化学家莫桑首次从萤石中分离出气态的氟元素，揭示出萤石是由钙元素和氟元素化合组成的矿物，定名为氟化钙。后来化学家们又研制了氟化铝、冰晶石等助熔剂，为炼铝工业开辟了新的时代。

萤石的开采大约是1775年始于英国，到1800—1840年间美国的许多地方也相继开采，但大量开采乃是在发展和推广平炉炼钢以后。

我国是萤石资源丰富，开发利用历史悠久的国家。1917年首先在浙江新昌和武义一带由当地农民进行少量开采，其后开采范围不断扩大，至1930年，浙江省就有21个县开采萤石，年产量达1.2万吨，其次在辽宁、内蒙古、河北等省区也有少量开采。在此其间均是民采小矿，没有正规的萤石矿山。1938年浙江被日军占领，到1945年被日军掠夺的浙江萤石超过30万吨。与此同时，内蒙古的喀喇泌旗大西沟萤石矿也开始开采，采出矿石达10多万吨。

新中国成立后，随着经济建设，特别是钢铁工业、炼铝工业、建材工业和氟化工业的发展，各行各业对萤石的需求大幅度增长。1950年4月16日建立了浙江省氟矿办事处，恢复浙江武义地区萤石矿山生产。生产萤石省区，由新中国成立前的三四个，发展到如今全国近30个，建设了一大批萤石矿山，并已形成300万～400万吨生产能力。

现在萤石的用途已经十分广泛，随着科学技术的进步，应用前景越来越广阔。目前主要用于冶金、化工和建材三大行业，其次用于轻工、光学、雕刻和国防工业。因此，根据用途要求，目前我国萤石矿产品主要有四大系列品种，即萤石块矿、萤（氟）石精矿、萤石粉矿和光学、雕刻萤石。

萤石具有能降低难熔物质的熔点，促进炉渣流动，使渣和金属很好分离，在冶炼过程中脱硫、脱磷，增强金属的可锻性和抗张强度等特点。因此，它作为助熔剂被广泛应用于钢铁冶炼及铁合金生产、化铁工艺和有色金属冶炼。冶炼用萤石矿石一般要求氟化钙含量大于65%，并对主要杂质二氧化硅也有一定的要求，对硫和磷有严格的限制。硫和磷的含量分别不得高于0.3%和0.08%。

萤石另一重要用途是生产氢氟酸。氢氟酸是通过酸级萤石（氟石精矿）

同硫酸在加热炉或罐中反应而产生出来的，分无水氢氟酸和有水氢氟酸，它们都是一种无色液体，易挥发，有强烈的刺激气味和强烈的腐蚀性。它是生产各种有机和无机氟化物和氟元素的关键原料。

在制铝工业中，氢氟酸用来生产氟化铝、人造冰晶石、氟化钠和氟化镁。在航空、航天工业中，氢氟酸主要用来生产喷气机液体推进剂，导弹喷气燃料推进剂。在医药方面，氟有机化合物还可以制造含氟抗癌药物，含氟可的松，含氟碳人造血液等。

另外，萤石也广泛应用于玻璃、陶瓷、水泥等建材工业和首饰加工行业中，其用量在我国占第二位。

知识点

阴极射线

阴极射线是从低压气体放电管阴极发出的电子在电场加速下形成的电子流。阴极可以是冷的也可以是热的，电子通过外加电场的场致发射、残存气体中正离子的轰击或热电子发射过程从阴极射出。

阴极射线是在1858年利用低压气体放电管研究气体放电时发现的。1897年，汤姆孙根据放电管中的阴极射线在电磁场和磁场作用下的轨迹确定阴极射线中的粒子带负电，并测出其荷质比，这在一定意义上是历史上第一次发现电子。

阴极射线应用广泛。电子示波器中的示波管、电视的显像管、电子显微镜等都是利用阴极射线在电磁场作用下偏转、聚焦以及能使被照射的某些物质，如硫化锌发荧光的性质工作的。高速的阴极射线打在某些金属靶极上能产生X射线，可用于研究物质的晶体结构。阴极射线还可直接用于切割、熔化、焊接等。

延伸阅读

我国萤石资源现状

我国地处环太平洋成矿带，萤石资源十分丰富，全国20多个省区内均有不同规模的萤石矿床。但我国高品位萤石矿比例小，共生矿多，多年开采使得国内萤石富矿日趋减少。

我国萤石矿品位一般在35%～40%；其中≥65%的富矿只有3000万吨，约占保有储量的23.8%；而≥80%的高品位富矿不到1000万吨。现已发现各类萤石矿床、矿点约874处。湖南萤石最多，内蒙古、浙江次之，主要集中在湖南柿竹园、湖南桃林、内蒙古苏莫查干敖包和浙江湖山等几大矿床。

钢铁和化工两大主要萤石应用行业对萤石的需求都在持续增长，萤石销售价格持续上升。2007年钢铁业消耗萤石85万吨，2008年钢铁业消耗萤石将超过90万吨；近年来，氟化工快速发展，萤石的消耗量快速增长，氟化工行业初级产品氢氟酸的产能已超过60万吨，消耗萤石粉近100万吨。

萤石是我国传统的优势出口资源之一，自20世纪90年代开始，我国每年出口的萤石达到130万吨左右，长期占国际市场半壁江山以上。由于出口量较大，国内萤石为追求产量存在滥采现象，对资源环境破坏极为严重。2008年中国萤石产量320万吨，占世界产量的54.79%，居第一位。

磷　矿

磷的着火点很低，只有40℃，所以在夏天的时候，人们常常可以看到磷火。以前，由于民间不知磷火的成因，只知这种火焰多出现在有死人的地方，而且忽隐忽现，因此将这种神秘的火焰称作“鬼火”，认为是不祥之兆，是鬼魂作祟的现象。

其实，世界各地都有关于鬼火的传说，例如在爱尔兰，鬼火就衍生为后来的万圣节南瓜灯，安徒生的童话中也有以鬼火为题的故事《鬼火进城了》。据说当德国炼金术士勃兰德在1669年发现磷后，就用了希腊文的“鬼火”来命名这种物质。

我国对鬼火的传说也很多，清朝蒲松龄所写《聊斋志异》中就经常提及鬼火，而民间则认为是阎罗王出现的鬼灯笼。然而早于南宋已有人明白磷质和鬼火出现间的关系，例如南宋陆游《老学庵笔记·卷四》就提及“予年十余岁时，见郊野间鬼火至多，麦苗稻穗之杪往往出火，色正青，俄复不见。盖是时去兵乱未久，所谓人血为磷者，信不妄也。今则绝不复见，见者辄以为怪矣”。清代纪昀《阅微草堂笔记·第九卷》更直接写道：“磷为鬼火。”

日本传说中的鬼怪，亦多有描述鬼火，在绘画这些鬼怪（尤其是夏天出没的鬼怪）的时候经常会画几团鬼火在旁边。

难道真是“鬼火”吗？真的是死人的阴魂吗？不是的，人死了，人的一切活动也都停止了，根本不存在什么脱离身躯的灵魂。

“鬼火”实际上是磷火，是一种很普通的自然现象。它是这样形成的：人体内部，除绝大部分是由碳、氢、氧三种元素组成外，还含有其他一些元素，如磷、硫、铁等。人体的骨骼里含有较多的磷化钙。人死了，躯体里埋在地下腐烂，发生着各种化学反应。磷由磷酸根状态转化为磷化氢。

磷化氢是一种气体物质，燃点很低，在常温下与空气接触便会燃烧起来。磷化氢产生之后沿着地下的裂痕或孔洞冒出到空气中燃烧发出蓝色的光，这就是磷火，也就是人们所说的“鬼火”。

“鬼火”为什么多见于盛夏之夜呢？这是因为盛夏天气炎热，温度很高，化学反应速度加快，磷化氢易于形成。由于气温高，磷化氢也易于自燃。

那为什么“鬼火”还会追着人“走动”呢？大家知道，在夜间，特别是没有风的时候，空气一般是静止不动的。由于磷火很轻，如果有风或人经过时带动空气流动，磷火也就会跟着空气一起飘动，

鬼　火

甚至伴随人的步子，你慢它也慢，你快它也快；当你停下来时，由于没有任何力量来带动空气，所以空气也就停止不动了，“鬼火”自然也就停下来了。这种现象绝不是什么“鬼火追人”。

其实，不单单有坟墓的地方会出现“鬼火”，只要是有磷存在的地方，都有可能出现鬼火。四川的青城山在夏天的时候就常常出现这些所谓的“鬼火”。有“天下幽”美誉的青城山蕴藏着磷矿。当磷矿露出地面，被土壤里的细菌分解成磷化氢气体，遇空气自燃时，会发出绿莹莹的光，有人叫它“鬼火”或“鬼灯”。

磷矿是重要的化工矿物原料。磷化工包括磷肥工业、黄磷及磷化物工业、磷酸及磷酸盐工业、有机磷化物工业、含磷农药及医药工业，等等。

世界上磷矿石的消费结构中约80%左右用于农业，其余的用于提取黄磷、磷酸及制造其他磷酸盐系列产品。

自然界含磷矿物很多，有工业利用价值的主要是磷酸钙，即磷灰石。由于磷灰石很难溶解于水，即使把它磨细撒到田里，植物也不大能吸收，因此

青城山

不能直接施用。必须把磷矿粉加上硫酸，转变成过磷酸钙才能当肥料。三大肥料之一的磷肥，既能促进种子发芽生根，加速植物的生长；又可增强植物抗旱、御寒、耐热、抵抗虫害的能力。

磷化工产品在工业、国防、尖端科学和人民生活中也已被普遍应用。除了在农业中用作磷肥、含磷农药、家禽和牲畜的饲料以外，在洗涤剂、冶金、机械、选矿、钻井、电镀、颜料、涂料、纺织、印染、制革、医药、食品、玻璃、陶瓷、搪瓷、水处理、耐火材料、建筑材料、日用化工、造纸、弹药、阻燃及灭火等方面广泛使用。

随着科技的发展，高纯度及特种功能磷化工产品在尖端科学、国防工业等方面被进一步的推广应用，出现了大量新产品，如：电子电气材料、传感元件材料、离子交换剂、催化剂、人工生物材料、太阳能电池材料、光学材料等等。由于磷化工产品不断向更多的产业部门渗透，特别是在尖端科学和新兴产业部门中的应用，使磷化工成为国民经济中的一个重要的产业。磷化工产品在人们的衣、食、住、行各个领域，发挥着越来越重要的作用。

磷在生命起源、进化及生物生存、繁殖中，都起着不可缺少的作用。人体含有1%的磷，存在于细胞、血液、牙齿和骨骼中。脑磷脂还供给大脑活动所需的巨大能量，所以有人称“磷是思维的元素”。

磷块岩颜色呈灰白或黄白，貌不出众，很难与普通石头区别开来。找矿人员要随身带上钼酸铵溶液，滴在石头上观察反应后的颜色，若有黄色反应才能确认是磷矿石。民间有一种简便的鉴别法：将石粉放在火上烧，如果出现绿色的火花，就可断定是磷矿石。我国地质工作者曾用这种方法找到了几个工业价值可观的矿床。

岩浆岩和沉积岩中都含有磷，当这些岩石风化分解后，其中的磷易被富含二氧化碳和有机酸的地表水溶解，并陆续搬运到浅海盆地中去。在水盆地中加上生物作用（鱼、虾、贝类吸收大量磷质），便慢慢富集起来，逐渐沉积成磷矿床。

古代海洋里沉积生成的磷块岩矿床约占世界磷矿床总储量的80%。我国云南的昆阳磷矿、贵州的开阳磷矿、江西的朝阳磷矿均属这种类型。

我国磷矿资源比较丰富，已探明的资源储量仅次于摩洛哥和美国，居世界第三位。云南、贵州、四川、湖北和湖南5省是我国主要磷矿资源储藏地区，储量达98.6亿吨，占全国总储量的74.5%。

知识点

风 化

风化是使岩石发生破坏和改变的各种物理、化学和生物作用。一般可定义为在地表或接近地表的常温条件下，岩石在原地发生的崩解或蚀变。

崩解和蚀变的区别反映了物理作用和化学作用的差异。物理作用涉及岩石破碎而不涉及造岩矿物的任何分解。相反，化学作用则意味着一种或多种矿物的蚀变。

风化作用产生在结构或成分上不同于母岩的表层物质。风化带称为表土或残余土。风化作用的下限称为风化面。

风化过程十分复杂，通常是几种作用同时发生，造成岩石的崩解或分解。为方便起见，可把风化作用分为物理（或机械）风化、化学风化和生物风化。

延伸阅读

磷与军事

白磷是一种无色或者浅黄色、半透明蜡状物质，具有强烈的刺激性，其气味类似于大蒜，燃点极低，一旦与氧气接触就会燃烧，发出黄色火焰的同时散发出浓烈的烟雾。可以用来燃烧普通燃烧材料难以燃烧的物质，其特点为能够在狭小或空气密度不大的空间充分燃烧，一般燃烧的温度可以达到1000℃以上，足以在有效的范围内将所有生物体消灭。

白磷燃烧弹即应用此性质，是非常厉害的燃烧弹，沾到皮肤上的话很难及时去除，燃烧温度又高，可以一直烧到骨头，同时产生的烟雾对眼鼻刺激极大。最初二战期间，美国人将其运用于太平洋战争，非常有效。因为技术含量不大，现在各国军队基本都有。

白磷弹基本结构，就是在弹体内充填磷药，遇空气即开始自燃直到消耗完为止。完整的白磷弹由弹底、炮弹底塞、塑料垫圈、起爆药、起爆药室、黄磷发烟罐、铝质隔片、弹体、销针、限位器、保险与解除保险装置、延期雷管、抛射药和机械时间瞬发引信组成。

●石榴石

石榴石的英文名字是garnet，这一名称源自中古英文garnet，意思是深红色；或由拉丁字“granatus”演变而来，其意是晶粒状；还可能是参照Punicagranatum（石榴pomegranate），因这种矿物与石榴的种子相似，故名石榴石。

石榴石属于岛状硅酸盐矿物；它的物理性质随其成分的差异亦有变化；通常，石榴石外观为结晶颗粒；颜色有多种多样，几乎占了所有颜色，包括红色：紫红、血红、深红、橘红、玫瑰红、褐红、橙红、棕红、暗红、桃红、红褐等；黄色：橘黄色、黄褐等；绿色：黄绿、鲜绿、暗绿等；以及蓝色、紫色、黑色、棕色和无色等，最稀缺的是20世纪90年代发现的蓝色石榴石；上述颜色中，有的在不同条件下，有时发生变化，如有的在白天阳光下呈蓝绿色，在白炽灯光下，则呈紫色，这是因为石榴石含钒的缘故；有时，人们把这些石榴石误认为是紫翠玉。

石榴石有玻璃光泽；岩矿具有角裂隙、介壳状断口，边角锋利，有玻璃或树脂光泽；莫氏硬度6.5～7.5，密度3.1～4.3；熔点为1170℃～1315℃；常呈完好晶形，如菱形十二面体、四角三八面体或立方晶形。

另外，除了天然石榴石外，还可以根据需要，人工合成石榴石。

在世界范围内，天然石榴石的生成，大致可分为原生矿床和次生矿床两大类：原生矿又分为榴辉岩型、片麻岩和片岩型、火山岩型、伟晶岩型和接触交代矽卡岩型等类型；大量存在于片麻岩、片岩、接触变质岩和变质晶体石灰石中；次生矿床就是砂矿石榴石，按产出位置可分为风化的残坡积砂矿、河湖沉积砂矿和滨海砂矿三种类型，在世界许多地方存在于重矿砂和砾石矿床中；概括说来，石榴石矿床分布广泛，但具有商业开采价值的矿藏发现较少。

根据石榴石产地不同可分为砂矿和岩矿；砂矿分滨海砂矿和河床砂矿，滨海砂矿主要位于印度和澳大利亚海滨，所以世界部分主要石榴石生产厂家均位于印度和澳大利亚；河床石榴石矿床主要富集在澳大利亚，属于砂积矿床。

目前国际贸易中主要石榴石交易品种是铁铝榴石和钙铁榴石，这两种石榴石质硬而重，工业用途较广。

石榴石的使用始于铜器时代，主要用作宝石和磨料，所以根据石榴石的用途，又分宝石级石榴石和工业级石榴石。

石榴石化学惰性强，熔点高，韧性好，不溶于水，酸中溶解度只有1%，基本不含自由硅，具有较高的抗物理撞击性能；以及较高的硬度、边角锋利度、磨削力和密度，加上它的再循环使用能力，使它对许多工业部门来说，是一种理想的多用途材料；从作为渗滤介质到喷水切割，喷砂研磨等方面，均可使用石榴石；目前已经用于许多重要工业部门，比如光学工业、电子工业、机械工业、仪器仪表、印刷工业、建筑建材以及地矿等部门。

岩矿石榴石的应用历史最久，主要产于美国、中国和西印度；岩矿石榴石晶体加工包括：在选矿厂破碎，然后风选纯化，磁选过筛，必要时再进行水洗；破碎后的石榴石，有锋利的边角，因之比砂矿石榴石的功能要好得多，因砂矿石榴石经过千万年的滚磨，边角已经变得圆滑。

世界工业级石榴石储量：

美国：美国石榴石资源主要集中于纽约州的粗晶粒片麻岩中，其他较大矿床分布于爱达荷州，缅因州，蒙大拿州，新罕布什尔州，北卡罗来纳州、奥勒冈州等。

中国：根据中国国土资源部资料，截至2009年底，我国石榴石矿物查明资源储量约为5400万吨，主要矿床（按矿石储量排序）分布在湖北（25984万吨）；山东（4945万吨）；四川（1398万吨）；河北（1172万吨）；内蒙古（605万吨）；陕西（378万吨）；吉林（260万吨）；山西（139万吨）等；

印度：石榴石矿床主要分布在安德拉邦，蒂斯加尔邦，贾坎德邦，喀拉拉邦，奥里萨邦，拉贾斯坦邦和泰米尔纳德邦；石榴石砂矿主要分布在喀拉拉邦，奥里萨邦泰米尔纳德邦。

除上述外，其他国家如澳大利亚、加拿大、俄罗斯和土耳其等也有较大石榴石矿床；排在上述国家之后，还有智利、捷克、巴基斯坦、南非、西班牙、泰国和乌克兰等国家，也较富有石榴石资源。

世界工业石榴石的生产，据美国地质调查局（UnitedStatesGeologicalSurvey，USGS）的统计，2010年为141万吨。从2010年生产统计来看，澳大利亚、加拿大、中国、印度和美国是世界上主要生产国家，面向国内外市场；近年来，俄国和土耳其也开始进行石榴石的商业开采，主要是面向国内市场。另外，有一些小的生产国家如智利、捷克、巴基斯坦、南非、西班牙、泰国和乌克兰等，产量较少，主要用来供应国内用户。

石榴石

目前，印度、中国等亚洲国家石榴石生产占世界总产的55%，而且成本最低；澳大利亚2010年生产约15万吨，北美生产为5万吨，非洲地区约2万吨。澳大利亚、印度、中国和美国等国家生产的石榴石，除了供应国内需求外，还要出口供应世界石榴石市场。

目前整个世界每年消费约达140万吨，预计消费量还要增加；主要消费国家有美国、日本对许多工业部门来说，石榴石是一种理想的多用途材料。从作为渗滤介质到喷水切割，喷砂研磨等方面，均可使用石榴石。

历史上，美国石榴石消费曾占世界总消费的2/3，但在过去的20多年里，新的生产设施不断涌现，开始是澳大利亚，然后是印度和中国，最近是欧洲；目前，美国消费占世界总消费的比例大大下降了。

知识点

莫氏硬度

莫氏硬度又名莫斯硬度，表示矿物硬度的一种标准。1812年由德国矿物学家莫斯首先提出。

应用划痕法将棱锥形金刚钻针刻划所试矿物的表面而发生划痕，用测得的划痕的深度分10级来表示硬度：滑石1（硬度最小），石膏2，方解石3，萤石4，磷灰石5，正长石6，石英7，黄玉8，刚玉9，金刚石10。

延伸阅读

宝石级石榴石

石榴石是中高档宝石之一，其中绿色宝石属于名贵品种。

石榴石的评价与选购依颜色、透明度、粒度为依据。宝石级石榴石的标准要求：透明度好，颜色鲜艳，粒径大于5毫米。在国际宝石市场上，纯净无瑕，颜色鲜艳，晶莹剔透的石榴石价值很高。翠绿色铬钒铝榴石价值最高，质优者可与祖母绿相比。

红色、橙红色石榴石也很宝贵。

紫牙乌是现在比较常见的中低档宝石之一。颜色浓艳、纯正，透明度高的品种是紫牙乌的佳品。它的折光率高，光泽强，颜色美丽多样，是人们喜爱的宝石品种。世界上许多国家把紫牙乌定为“一月诞生石”，象征忠实、友爱和贞操。西方人认为紫牙乌具有治病救人的神奇功效；在中东，紫牙乌被选做王室信物。

数千年来，石榴石被认为是信仰、坚贞和纯朴的象征。人们愿意拥有、佩戴并崇拜它，不仅是因为它的美学装饰价值，更重要的是人们相信宝石具有一种不可思议的神奇力量，使人逢凶化吉、遇难呈祥，可以永保荣誉地位，并具有重要的纪念功能。

水　晶

水晶像纯净的水一样透亮明洁。我国古代有“水精”、“水玉”、“千年冰”和“火齐”等名称。神话故事里把龙王在海底居住的宫殿称为“水晶宫”。文人墨客常把它常被比作贞洁少女的泪珠，夏夜天穹的繁星，圣人智慧的结晶，大地万物的精华等。我国古代人民还给珍奇的水晶赋予许多美丽的神话事故，把象征、希望和一个个不解之谜寄托于它。

水晶晶体是在岩石空洞中生长起来的，它在成长过程中一定要有足够的空间，同时必须以洞壁为依托，因此我们所见到的天然水晶晶体往往是上半截发育得很完美，而下半截的晶体不完整。常见的水晶，有形似狗牙的小粒，有状如手指的长条晶体。由几个到数十个小水晶密集生长在一起的叫“晶簇”。大的水晶可长到几米。1958年，江苏省东海县曾找到一个长1.8米、直径1.2米、重3.5吨的“中国水晶王”，现存北京地质博物馆内。巴西的意达波尔一块水晶长5.5米，直径2.5米，重40多吨。马达加斯加岛还发现一块周长达8米的巨型水晶晶体。

1880年，法国化学家皮尔·居里和兄弟雅克·居里，把水晶切成薄片，放在两块金属板之间作加压和拉伸试验时，发现水晶片的两个表面会产生正电和负电。他俩把这种现象称为“压电现象”。它成了单晶水晶在无线电工业中实际应用的基础。由单晶硅片制成的谐振器、滤波器广泛应用于电子工业、自动武器、导弹核武器、人造卫星等尖端工业。

水晶按特性和用途分为压电水晶、光学水晶、工艺水晶和熔炼水晶。光学水晶用于各类高精度的仪器和眼镜片。工艺水晶做玲珑剔透的工艺品，别具一格。有人误以为水晶棺材是巨大水晶晶体加工而成的，实际上是用熔炼水晶铸造的。用水晶雕琢的工艺品中，最著名的是水晶球。由于水晶传热很快，因此摸着它时总感到是冰凉的。古代一些贵族官僚家里，夏天就摆着纤尘不染的水晶球，有解暑消热、镇静抑躁的作用。

水晶常因含有铁、锰、钛、碳等不同杂质而有许多变种：紫晶、金黄水晶、蔷薇水晶（又名芙蓉石）、烟晶、茶晶和墨晶等。巴西以盛产水晶著名。我国的水晶产地较多，海南省的羊角岭和江苏省东海县是水晶的重要产地。贵州探明的光学水晶储量居全国第一。

由于水晶也是极其宝贵的宝石之一，所以近年来也有很多不法商贩以赝品来充当天然品坑害消费者。那么，如何鉴别天然水晶和赝品呢？

水晶是有成色等级之分，影响水晶价位的因素很多，所以大家要多听多看多比较才能真正辨别出来。一般的标准是水晶石越大越好，越透越好，颜色越娇嫩越好，形状越典型越好。不过最重要还是自己喜欢，而选购时辨识真伪的方法大致有下列几种：

眼看：天然水晶在形成过程中，往往受环境影响总含有一些杂质，对着太阳观察时，可以看到淡淡的均匀细小的横纹或柳絮状物质。而假水晶多采用残次的水晶渣、玻璃渣熔炼，经过磨光加工、着色仿造而成，没有均匀的条纹、柳絮状物质。

舌舔：即使在炎热夏季的三伏天，用舌头舔天然水晶表面，也有冷而凉爽的感觉。假的水晶，则无凉爽的感觉。

光照：天然水晶竖放在太阳光下，无论从哪个角度看它，都能放出美丽的光彩。假水晶则不能。

硬度：天然水晶硬度大，用碎石在饰品上轻轻划一下，不会留痕迹；若留有条痕，则是假水晶。

用偏光镜检查：在偏光镜下转动360° 有四明四暗变化的是天然水晶，没有变化的是假水晶。

用二色检查：天然紫水晶有二色性，假水晶没有二色性。

用放大镜检查：用10倍放大镜在透射光下检查，能找到气泡的基本上可以定为假水晶。

用头发丝检查：仅限于正圆形水晶球。将水晶球放在一根头发丝上，人眼透过水晶能看到头发丝双影的，则为水晶球。主要是因为水晶具有双折射性。但是这样无法把天然晶、养晶和熔炼晶区分开来，只能区分玻璃等其他物质。

用热导仪检测：将热导仪调节到绿色4格测试宝石，天然水晶能上升至黄色2格，而假水晶不上升，当面积大时上升至黄色1格。

知识点

双折射

光在非均质体中传播时，其传播速度和折射率值随振动方向不同而改变，其折射率值不止一个。光波入射非均质体，除特殊方向以外，都要发生双折射，分解成振动方向互相垂直，传播速度不同，折射率不等的两种偏振光，此现象称为双折射。它们为振动方向互相垂直的线偏振光。

延伸阅读

水晶的传说

早先东海白马山脚下有个种瓜老汉，摆弄了一辈子西瓜。这年春旱，白马山都干裂了缝。瓜老汉种了五亩西瓜，每天拼死拼活担水浇灌才保住了一个西瓜。西瓜越长越大，不觉竟有笆斗大。

这天晌午，邻村财主“烂膏药”走得口渴，非要买这个瓜解渴。老汉正迟疑，这时忽然从瓜肚子里传来一匹马的哀求声：“瓜爷爷，我本来是天上的白龙马，因为送唐僧去西天取经，被天帝派这里做白马山的神马，你快救救我。”

瓜老汉觉得奇怪，问：“你怎么钻到瓜肚子里了？”

神马说：“天太热，我渴极了钻到这瓜里喝瓜汁，撑得出不来了。”

“我怎么救你呢？”瓜老汉急得直搓手。

神马说：“这瓜你千万不可卖给那坏蛋，他若进贡皇上，白马山就没宝啦！你趁早把西瓜打开，放我出去。”

正说间，“烂膏药”使唤家丁前来抢西瓜，说时迟那时快，瓜老汉挥刀朝西瓜劈下，就听“轰隆”一声，一道金光从瓜里射出来，照亮了半边天空。整个白马山放光闪烁。再看，跟着金光奔出来的那匹神马拉个晶镏子，晶明透亮，把人的眼睛都照花了。神马见了老汉，跪倒就磕头：“瓜爷爷，你这地里有晶豆子，快收吧！”

“烂膏药”瞧见了神马，大喜过望，忙使唤家丁：“猪怕赶，马怕圈，快围住它！逮住神马，得晶镏子，收晶豆子！”

一伙家丁团团将神马围住，神马东奔西突，晶镏子拉到哪里，哪里晶光闪烁。神马左冲右闯也出不了重围，瓜老汉急了，用西瓜刀背照准神马屁股“咚”地掴了一下，喊声：“还不快点走！”

只听“咴儿……”的一声吼，神马负痛蹿将起来，一下子将“烂膏药”撞个七窍流血，腾空朝白马山奔去，只见白马山金光一炸，神马一头钻进山肚里去了。

家丁们哭丧着脸，收拾“烂膏药”尸首拉了回去。瓜老汉再定神细看，满地上点点光亮蹦跳，他找来铁锨一挖，挖出些亮晶晶、水灵灵的石头，原来竟是些值钱的水晶石。

玛　瑙

人们认识和利用玛瑙的历史比较悠久。传说爱和美的女神阿佛洛狄忒躺在树荫下熟睡时，她的儿子爱神厄洛斯，偷偷地把她闪闪发光的指甲剪下来，并欢天喜地拿着指甲飞上了天空。飞到空中的厄洛斯，一不小心把指甲弄掉了，而掉落到地上的指甲变成了石头，就是玛瑙。因此有人认为拥有玛瑙，可以强化爱情，调整自己与爱人之间的感情。在日本的神话中，玉祖栉明玉命献给天照大神的，就是一块月牙形的绿玛瑙，这也是日本三种神器之一。

我国古代文献《太平广记》中亦有"玛瑙，鬼血所化也"的记载。这些传说和记载给玛瑙增添了几分奇诡之色。

实际上，玛瑙的名字来自印度。据说由于玛瑙的原石外形和马脑相似，因此印度人称它为"玛瑙"。不论在《旧约圣经》或佛教的经典，都有玛瑙的事迹记载。在东方，它是七宝、七珍之一。

玛瑙可分为玉髓和玛瑙。原石颜色不复杂的称为"玉髓"，出现直线平行条纹的原石则称为"条纹玛瑙"。根据原石的颜色，又可以将其分为红玛瑙、蓝玛瑙、紫玛瑙、绿玛瑙、黑玛瑙和白玛瑙等。

红玛瑙就是红色的玛瑙，即古代的赤玉。红玛瑙中有东红玛瑙和西红玛瑙之分。前者是指天然含铁的玛瑙经加热处理后形成的红玛瑙，又称"烧红玛瑙"，其中包括鲜红色，橙红色。东红玛瑙一名，因早年这种玛瑙来自日本，故而得名。后者是指天然的红色玛瑙，其中有暗红色者，也有艳红色者，我国古代出土的玛瑙均属西红玛瑙，这种玛瑙多来自西方，故而得名。

蓝玛瑙指蓝色或蓝白色相间的玛瑙。这是一种颜色十分美丽的玛瑙，块度大者是玉雕的好料。优质者颜色深蓝。次者颜色浅淡。蓝白相间者也十分美丽，当有细纹带构造时，则属于缠丝玛瑙中的品种。目前我国市场上产的蓝玛瑙制品，多半由人工染色而成，其色浓均，易与天然者区分。

紫色玛瑙多呈单一的紫色，优质者颜色如同紫晶，而且光亮。次者色淡，或不够光亮，俗称"闷"。紫玛瑙在自然界不多见，亦有染色。

其实，在自然界中并不存在绿玛瑙。目前我国珠宝市场上的绿玛瑙几乎都是人工着色而成，其色浓绿，有的色似翡翠，但有经验者很易同翡翠区别。绿玛瑙颜色"单薄"，质地无翠性，性脆；翡翠颜色"浑厚"质地有翠性，韧性大。

黑玛瑙在自然界比较少见，目前我国珠宝市场上的黑玛瑙都是人工着色而成，其色浓黑，易与其他黑色玉石相混。以其硬度大于黑曜岩等区别。

白玛瑙是以白色调为主或五色的玛瑙。其中东北辽宁省产出的一种所谓白玛瑙，其实有的属于白玉髓，多用于制作珠子，然后进行人工着色，可以着色成蓝，绿，黑等色。这种白色玛瑙，大块者也用来作玉器原料，同时在局部染成俏色加以利用。然而，自然界也产出一些白色玛瑙，由于颜色不正，特别那些灰白色者，一般不受人欢迎，但也可以用来制成一些价格便宜的低档的旅游产品或旅游纪念品。

其实玛瑙颜色丰富，种类繁多，不过红色是玛瑙中的主要颜色。因为天然红色的玛瑙较少，且又色层不深，故玛瑙中的红色多为烧红玛瑙。其红色有正红、紫红、深红、褐红、酱红、黄红等。此外，色红艳如锦的称锦红玛瑙，红白相参的称锦花玛瑙或红花玛瑙。作玉雕制品的，以块大为上，作首饰嵌石的，以色美为佳。

那么，玛瑙是如何形成的呢？

玛瑙的历史十分遥远，大约在1亿年以前，地下岩浆由于地壳的变动而大量喷出，熔岩冷却时，蒸气和其他气体形成气泡。气泡在岩石冻结时被封起来而形成许多洞孔。很久以后，洞孔浸入含有二氧化硅的溶液凝结成硅胶。含铁岩石的可熔成分进入硅胶，最后二氧化硅结晶为玛瑙。

在矿物学中，玛瑙属于玉髓类，是具有不同颜色且呈环带状分布的石髓。通常是由二氧化硅的胶体沿岩石的空洞或空隙的周壁向中心逐渐充填、形成同心层状或平行层状块体。一般为半透明到不透明，硬度6.5～7，密度2.55～2.91，折光率1.535～1.539。在地质历史的各个地层中，无论是火成岩还是沉积岩都能形成玛瑙。所以，玛瑙很多，成色差异也很大。

玛瑙不但是名贵的装饰品，也可用于制造耐磨器皿和罗盘等精密仪器，还是治疗眼睛红肿、糜烂及障翳的良药。

世界上玛瑙著名产地有：印度、巴西、美国、埃及、澳大利亚、墨西哥等国。墨西哥、美国和纳米比亚还产有花边状纹带的玛瑙，称为“花边玛瑙”。美国黄石公园、怀俄明州及蒙大拿州还产有“风景玛瑙”。我国玛瑙产地分布也很广泛，几乎各省都有，著名产地有：云南、黑龙江、辽宁、河北、新疆、宁夏、内蒙古等。

黑龙江省的逊克县是我国的“玛瑙之乡”。新疆产的玛瑙品种很多。近年，湖北省神龙架地区发现了大型玛瑙矿床。1987年，在荒无人烟的内蒙古北部沙漠中发现了一个面积为6平方千米的干涸湖泊，平坦的湖底铺满五彩缤纷的玛瑙和碧玉，称为“玛瑙湖”。

地处辽西的阜新是我国主要的玛瑙产地、加工地、玛瑙制品集散地，玛瑙资源储量丰富，占全国储量的50%以上，且质地优良。阜新盛产玛瑙，不仅色泽丰富，纹理瑰丽，品种齐全，而且还产珍贵的水胆玛瑙。阜新县老河土乡甄家窝卜村的红玛瑙和梅力板村前山的绿玛瑙极为珍贵。阜新玛瑙加工业尤为发达，其作品连续几年获得全国宝玉石器界“天工奖”。

古今文人称颂不休的雨花石，实际上是玛瑙质砾石。南京雨花台一带的雨花石来源于长江两岸产玛瑙的山体，经风化崩落、流水冲刷和砂石间反复翻滚摩擦而成为可爱的浑圆状卵石。

知识点

“天工奖”

中国玉雕、石雕作品天工奖评选活动是“中国珠宝玉石首饰行业协会”（中宝协）于2002年创立的一项专业评比活动。

中宝协根据协会章程中的相关规定，制定评选办法和实施细则，并设立中国玉石雕刻作品天工奖评选活动组委会，由组委会负责评选活动的各项具体工作。一般情况下，评选活动每年组织一届。天工奖评选的公益性定位，以重文化推广，重业界交流，重人才发现，重产业引导为活动特色。

延伸阅读

玛瑙鉴别常识

怎样鉴别真假玛瑙饰品呢？在选购玛瑙时，应从其颜色、质地、工艺质量、透明度、级别、重量和温度这7个部分来进行辨别。

看颜色：真玛瑙色泽鲜明光亮，假玛瑙的色和光均差一些，二者对比较为明显。天然红玛瑙颜色分明，条带十分明显，仔细观察，在红色条带处可见密集排列的细小红色斑点。用石料仿制的假玛瑙烟壶，多数在底部呈花瓣形花纹，络成“菊花底”；而染色蓝玛瑙颜色艳丽、均一，给人一种假的感觉。

质地：假玛瑙多为石料仿制，较真玛瑙质地软，用玉在假玛瑙上可划出痕迹，而真品则划不出。

工艺质量：优质玛瑙的生产工艺严格且先进，故表面光亮度好，镶嵌牢固、周正，无划痕、裂纹。

透明度：真玛瑙透明度不高，有的能看见自然水线或“云彩”。而人工合成的玛瑙透明度好，像玻璃球一样透明。

级别：各种级别的玛瑙，都以红、蓝、紫、粉红为最好，并且要求透明、无杂质、无沙心、无裂纹；其中，块重4.5千克以上为特级，1.5千克以上为一级，0.5～1.5千克为二级。

重量：真玛瑙首饰比人工合成的玛瑙首饰重一些。

温度：真玛瑙冬暖夏凉，而人工合成的玛瑙随外界温度的变化而变化，天热它也热，天凉它也凉。

●玉　石

玉，历来是中华民族美德的象征。世人爱玉之风莫如中国。我国自古以“玉石之国”著称于世。传说在远古时代，帝王分封诸侯的时候就以玉作为他们享有权力的标志。以后许多帝王的“传国玺”也都是用玉雕刻制作的。

商朝就已经使用墨玉牙璋来传达国王的命令，在有文字记载的周朝已开始用玉做工具。春秋战国时期，赵国的国王得到一块非常珍贵的玉石“和氏璧”，秦王知道后，许诺以15座城池来交换，虽然最后被识破只是一个阴谋，但也可见当时宝玉的价值。

和氏璧

那么，古人为什么把玉看得那么珍贵呢？首先，玉的模样好看，色彩丰富。古书《说文》记载，所谓玉，就是“石之美者”。玉的颜色有草绿、葱绿、墨绿、灰白、乳白色，色调深沉柔和，形成一种特有的温润光泽的色彩。中国人喜欢一种半透明的白色，以至黄白色的“羊脂玉”——田玉，还有白色中杂有绿色的条带的玉——“雪里苔藓玉”。

其次，古代人迷信，认为玉有防妖避邪的作用，所以很喜欢用玉做杯、碗、碟等祭祀用具和玉镯、玉簪、指环、烟嘴等装饰品。

第三，玉的韧性强，受得住铁锤击打，这一特性连金刚石也无法与之相比。利用玉的色彩和这一优点可以雕成形态各异的动物、花草、楼阁、宝塔等精致的工艺品和装饰品。

1935年，一次大地震袭击了南加利福尼亚，桑塔巴巴拉的一个小工艺品店里收藏的中国工艺品都掉到地上。但令店主欣慰的是，最值钱的玉制品虽然放在架子的最上层，但一件也没有损坏。很显然，玉非常坚韧。

清末慈禧太后贪婪玉石一生。据说，有一名进贡者奉献一枚大金刚石头饰，她没有接受，反而欢迎送给她的小而精美的“帝目”绿玉制品。她有一只宝贵的戒指，形状像一只小黄瓜，是用高品质的玉雕刻成的。她手腕上戴玉手镯，几个手指上戴有上等的碧玉指环和三寸长的玉制指甲套，吃饭喝水用精雕细刻的玉盘、玉筷和玉茶碗。她死后殉葬品有大量的玉制珍品。

真正的玉只有两种——软玉和硬玉。软玉是以透闪石为主的矿物集合体，主要成分是钙、镁、铝、铁的硅酸盐。由于这些矿物呈微细的纤维状或交织成毡状，因而质地细腻，坚韧而不易压碎，抗压强度超过钢铁，化学性质稳定。经过琢磨后，它呈现灿烂的蜡状光泽，给人以透亮晶莹的温润感，是理想的玉雕工艺原料。

还有一些物理性质类似软玉的矿物，如鲍文玉（蛇纹石）和河南独山玉（钠长石、黝帘石）等，在工艺质料上也通称为软玉。

软玉的产地几乎遍及全世界，主要有中国、俄罗斯、新西兰、阿拉斯加、美国等。我国新疆境内的昆仑山盛产白玉、青玉、黄玉、墨玉和碧玉，简称“昆玉”。北京故宫博物院里5吨多重的《大禹治水图》，就是用昆玉雕成的。南疆的和田美玉，色如凝脂，洁白无瑕，特称“羊脂白玉”，最为名贵。自古以来，百斤以上的白玉就是稀世珍宝。每年夏天，冰雪消融，山洪暴发，昆仑山上风化的玉石随洪水而下进入河床。八月中秋，洪水退去，河水澄清，凡水中所映月光特别明亮处必能捞到玉石。

1980年，在玉龙喀什河上游发现一块重达472千克的白玉。辽宁省岫岩县的岫玉和陕西省的蓝田玉均属鲍文玉。岫岩县有一巨型单块玉石重达26万多千克，15个人手拉手才能合抱，堪称世界“玉石之王”。

另一种玉是硬玉，我国称为“翡翠”，是钠和铝的硅酸盐矿物密集体，由无数微小纤维状晶体交织而成。硬度超过玻璃而与水晶差不多。化学性质也很稳定。硬玉有多种颜色，但主要是白色。它主要产于缅甸克钦邦密支那西南的孟拱一带，故称“缅玉”。

硬玉是在1万个大气压和200℃～300℃的条件下，由贫二氧化硅的起基性岩浆分化而成。翡翠以绿得像雨后阳光映照下冬青树叶的深绿色为最佳，透明度愈高愈好。色鲜美而光泽喜人，质坚韧而不脆不裂，为许多别的玉类宝石所不及，在国际市场上很受欢迎。质优者价极昂贵。

和水晶、玛瑙一样，玉石因为价格昂贵，所以很多人就以次充好，以假充真来欺骗消费者。那么，如何才能鉴别玉石的真假呢？

玉石的品质一般是从质地、硬度、透明度、密度和颜色5个方面来判断的。玉石的质地是指玉石的细密温泽程度。玉与石的区别之一就是玉入手细腻，温润坚结，半透明状，光泽如脂肪；而石则粗糙干涩，缺乏光泽，也多不透明。

硬度是指玉石抗外来作用力（如压、刻、磨）的能力。硬度越高，加工难度越大，玉石的品质也越好。

玉石硬度指标虽可通过仪器检测其内部晶体结构得知，但操作上一般多采用刻划硬度法。我国常见玉石的硬度介于4～6度之间，高于铜的硬度而低于玻璃的硬度。也就是说，玉石均能在铜上刻划出痕迹，也能被玻璃刻划出痕迹。

除了刻划硬度之外，还有一种硬度标准叫抗压硬度，或者压入硬度，即绝对硬度，它指的是抗外界打击力的能力，在玉石行业中也叫韧性。

自然界中抗压硬度最高的乃黑金刚，标记为10度，其次就是和田玉，抗压硬度为9度，翡翠、红宝、蓝宝为8度，钻石、水晶、海蓝宝石为7～7.5度等。用另一种方法表示，和田玉的抗压硬度为1000，翡翠则为500，岫玉为250，而玛瑙仅为5。和田玉具有如此高的韧性，是由于其晶体分布有如毛毯一样编织而成，分子间的作用力十分巨大。

玉的硬度是鉴定玉石的重要依据之一，而玉石的光泽同样是鉴定玉石真伪、档次高低的基本标准。

一般来说，玉石的光泽在光亮度上可简单分类为“灿光”、“灼光”、“闪光”和“弱光”几种。

灿光是最强的光亮度，人必须把眼睛眯起来，例如磨好的钻石全反射面就具有这样的光亮度；灼光的光亮度也很高，耀眼的光辉，硬度高的宝石抛光之后一般具有灼光亮度；

闪光是一般玻璃光亮程度，分为强闪光与弱闪光，硬度高的玉石一般是强闪光，硬度低的玉石为弱闪光；而硬度低的石料面抛光之后，则具有弱光的光亮强度。

知识点

牙　璋

所谓牙璋是一种有刃的器物，器身上端有刃，下端呈长方形，底部两侧有突出的鉏牙。牙璋是一种礼器。考古中发现，它可能起源于黄河中下游一带。我国曾经发掘出土多件夏商两代的玉璋。夏商时代的璋出现了镶嵌、穿孔、单阴线砣文等，其中单阴线砣文最为丰富，镶嵌类也多为镶松石，少量的镶红色或者其他颜色的宝石。并且运用了锯、凿、挖、琢、钻、磨、雕刻及抛光等工艺。

延伸阅读

中国的玉文化

文化是人类在社会发展过程中所创造的物质财富和精神财富的总和。中国玉文化是我国民族文化的一个分支，它同样是我国古代的劳动人民在长期的社会实践中所创造的以玉器为主要内容的物质财富和精神财富的总和。

早在石器时代，玉的本身就有双重性，即美的装饰性和社会功能的神秘性，玉器不但是饰物，还是一种礼仪的体现，它标明着身份和地位。

玉也是财富的象征，盘庚把贝和玉连称。后世流行的“宝”字是“王”和“家”的合字，这是以“玉”被私有而显示它的不可替代的价值，所以，古代玉璧价值连城，为了占有它，统治阶级不惜去发动战争。

在古代中国，玉更多的是用于统治者祭祀等大社上的标志和信物。在日常生活中起到昭示等级、尊严的作用，同时还和意识、精神联系在一起，因而人们给玉以代表精神的德性，玉的晶莹、纯洁、温润、坚硬等都被附以各种高尚的解释，玉的“五德”“九德”等说亦是这方面的集中表现。